Eine Zusammenstellung des Inhaltes der Hefte 1 bis 139 der Mitteilungen über Forschungsarbeiten zugleich mit einem Namen- und Sachverzeichnis wird auf Wunsch kostenfrei von der Redaktion der Zeitschrift des Vereines deutscher Ingenieure, Berlin N.W., Charlottenstr. 43, abgegeben.

Heft 140: **Neumann,** Die Vorgänge im Gasgenerator auf Grund des zweiten Hauptsatzes der Thermodynamik. Preis 2 *M*.

Heft 141: **Riedel,** Ueber die Grundlagen zur Ermittlung des Arbeitsbedarfes beim Schmieden unter der Presse. Preis 2 *M*.

Heft 142: **Schlesinger,** Vereinheitlichung der Schraubengewinde. Denkschrift, erstattet im Auftrage des Vereines deutscher Ingenieure, des Vereines deutscher Maschinenbauanstalten, des Vereines deutscher Werkzeugmaschinenfabriken und des Vereines deutscher Schiffswerften. Preis 1 *M*.

Heft 143: **Schoene,** Ueber Versuche mit großen, durch Blattfedern geführten Ringventilen für Kanalisationspumpen nebst Beiträgen zur Dynamik der Ventilbewegung.

Petersen, Verfahren zur Messung schnell wechselnder Temperaturen. Preis 2 *M*.

Lehrer und Schüler technischer Schulen erhalten die Hefte zur Hälfte des angegebenen Preises, sofern sie Bestellung und Zahlung an den Verein deutscher Ingenieure, Berlin N.W., Charlottenstr. 43, richten.

Mitteilungen

über

Forschungsarbeiten

auf dem Gebiete des Ingenieurwesens

herausgegeben vom

Verein deutscher Ingenieure.

Redaktion: D. Meyer und M. Seyffert.

Heft 144.

Springer-Verlag Berlin Heidelberg GmbH
1913

ISBN 978-3-662-01716-6 ISBN 978-3-662-02011-1 (eBook)
DOI 10.1007/978-3-662-02011-1

Inhalt.

Ueber den Ausfluß des Dampfes aus Mündungen.

Von Dipl.-Ing. Dr. **August Loschge.**

Einleitung,

Die folgenden Mitteilungen berichten über die Ergebnisse von Versuchen, die ich vom Februar 1911 bis Juli 1912 im Laboratorium für theoretische Maschinenlehre der Technischen Hochschule München zur Klärung der beim Ausfluß des Wasserdampfes aus Mündungen und Düsen auftretenden Erscheinungen ausgeführt habe und die insbesondere auf die Bestimmung des Ausflußgewichtes und des Druckverlaufes im Innern der Mündungen hinzielten. Wie oft die Ausflußfrage im Laufe der Zeit theoretisch und versuchsmäßig behandelt worden ist, kann aus dem Abschnitt b des Kapitels: »Technische Thermodynamik« (von M. Schröter und L. Prandtl) in der Encyklopädie der mathematischen Wissenschaften ersehen werden, wo eine stattliche Anzahl einschlägiger Arbeiten aufgeführt ist. Seit dessen Erscheinen (1905) sind übrigens noch zwei weitere wichtige Arbeiten über diesen Gegenstand veröffentlicht worden, nämlich die Arbeit von Dr. Bendemann: »Ueber den Ausfluß des Wasserdampfes« (Mitt. üb. Forschgsarb. Heft 37, 1907) und diejenige von Dr. Christlein: »Untersuchungen über das allgemeine Verhalten des Geschwindigkeitskoeffizienten von Dampfturbinenelementen usw.«, (Diss. — siehe darüber auch den Aufsatz in der Z. d. V. d. I. 1911 und die beiden Veröffentlichungen in der Z. f. d. g. T. Jahrg. 1912). Daß die Ausflußfrage so häufig in Angriff genommen wurde, ist ein Beweis dafür, daß ihre Lösung eine große Bedeutung für die gesamte Technik hat. Trotz der regen wissenschaftlichen Tätigkeit waren aber die Ausflußerscheinungen teilweise so wenig geklärt, daß ich mich zu dem Versuche veranlaßt sah, zur Erweiterung der Kenntnis dieser Erscheinungen beizutragen. Ich habe bei meinen Versuchen der Reihe nach die einfache Mündung, die Zölly-Mündung und die Laval-Mündung geprüft und werde nun in den nachstehenden Ausführungen in derselben Reihenfolge diese praktisch wichtigsten Mündungsformen behandeln.

I. Ausfluß aus einfachen Mündungen.

In allen bis heute erschienenen Arbeiten über den Ausfluß aus einfachen Mündungen wurde als grundlegend für die theoretischen Ausführungen die Annahme benutzt, daß der Mündungsdruck p_m gleich dem Gegendruck p_2 ist, so lange dieser Gegendruck höher ist als der zum Anfangsdrucke p_1 gehörige kritische Wert des Gegendruckes p_k, und daß der Mündungsdruck unverändert bleibt, sobald der Gegendruck unter den kritischen Wert herabsinkt. Auf dieser Annahme beruhen auch die von de Saint-Venant und Wantzel

1839 aufgestellte, im Bereiche $p_2 > p_k$ geltende Gleichung für das durch eine Mündung mit dem Austrittsquerschnitte F strömende Ausflußgewicht:

$$G = \mu_1 F \sqrt{2g \frac{k}{k-1} \frac{p_1}{v_1} \left[\left(\frac{p_2}{p_1}\right)^{\frac{2}{k}} - \left(\frac{p_2}{p_1}\right)^{\frac{k+1}{k}} \right]} \quad . \quad . \quad . \quad . \quad . \quad . \quad (1)$$

und die von Zeuner 1871 entwickelte, die Widerstände von vornherein berücksichtigende Form dieser Gleichung:

$$G = \mu_2 F \sqrt{2g \frac{k}{k-1} \frac{p_1}{v_1} \left[\left(\frac{p_2}{p_1}\right)^{\frac{2}{n}} - \left(\frac{p_2}{p_1}\right)^{\frac{n+1}{n}} \right]} \quad . \quad . \quad . \quad . \quad . \quad (2),$$

welche beiden Näherungsformeln auch heute noch allgemein gebraucht werden. Die mit ihnen gewonnenen Werte stimmen mit den richtigen Werten fast vollkommen überein. Für $p_2 < p_k$ können, wie schon aus der Annahme unmittelbar hervorgeht, die Gl. (1) und (2) nicht mehr gültig sein; das Ausflußgewicht behält den bei $p_2 = p_k$ erreichten Wert. Die Beiwerte μ_1 und μ_2 müssen durch Versuche ermittelt werden; μ_2 berücksichtigt lediglich den Einfluß der Einschnürung, μ_1 außer diesem auch noch die Wirkung der Reibung.

Die beiden vorstehenden Gleichungen lassen sich nun bekanntlich durch die höchst einfache und allgemein gültige Formel

$$G = \psi F \frac{p_1}{\sqrt{p_1 v_1}} \quad . \quad . \quad . \quad . \quad . \quad . \quad . \quad . \quad . \quad . \quad . \quad (3)$$

ersetzen. Der in dieser Formel enthaltene Faktor ψ wird in den folgenden Ausführungen nach dem Vorschlage Bendemanns als »Ausflußfaktor« bezeichnet. ψ, das wie die Beiwerte μ natürlich durch Versuch bestimmt werden muß, hängt, wie man aus den Gl. (1) und (2) ersieht, bei gut abgerundeten Mündungen ($\mu_2 = 1$) nur von $\frac{p_2}{p_1}$ und dem Exponenten der Polytrope n und k ab. Aus k, das seinerseits vom Dampfzustand abhängig ist und für trocken gesättigten Dampf den Wert 1,135, für überhitzten Dampf den Wert 1,3 hat, läßt sich nach einer von Zeuner angegebenen Formel n berechnen; es ergeben sich hierfür Werte, die immer kleiner sind als die zugehörigen Werte von k. Die rechnerische Ermittlung des Ausflußfaktors ψ mit Hülfe der aus den Gl. (1) bis (3) gewonnenen Beziehung:

$$\psi = \mu_1 \sqrt{2g \frac{k}{k-1} \left[\left(\frac{p_2}{p_1}\right)^{\frac{2}{k}} - \left(\frac{p_2}{p_1}\right)^{\frac{k+1}{k}} \right]} = \mu_2 \sqrt{2g \frac{k}{k-1} \left[\left(\frac{p_2}{p_1}\right)^{\frac{2}{n}} - \left(\frac{p_2}{p_1}\right)^{\frac{n+1}{n}} \right]} \quad . \quad (4)$$

für verschiedene Werte von n zeigt nun, daß ψ und G mit n abnehmen, d. h. daß bei $n = k$, also bei widerstandsloser Strömung, ψ und G für jeden Wert von $\frac{p_2}{p_1}$ am größten sein und bei Auftreten von Reibung unbedingt kleiner werden müssen. Die Abweichungen der beobachteten Werte von ψ und G von den theoretischen Werten für $n = k$ könnten demgemäß als Maßstab für die vorhandene Reibung benutzt werden. Abb. 1 enthält die mit den Werten $n = k$ und $\mu_1 = \mu_2 = 1$ berechneten Kurven $\psi = f\left(\frac{p_2}{p_1}\right)$ für trocken gesättigten und für überhitzten Dampf, welche sich wie die Kurven für $G = f\left(\frac{p_2}{p_1}\right)$ aus einem zwischen $\frac{p_2}{p_1} = 1$ und $\frac{p_2}{p_1} = \frac{p_k}{p_1}$ liegenden Parabelstück und einem zwischen $\frac{p_2}{p_1} = \frac{p_k}{p_1}$ und $\frac{p_2}{p_1} = 0$ liegenden Geradenstück zusammensetzen. Bei allen möglichen Werten des Druckverhältnisses müßte demnach der Ausflußfaktor für überhitzten Dampf immer etwas größer sein als derjenige für gesättigten Dampf; der Unterschied zwischen den beiden Werten sollte von $\frac{p_2}{p_1} = 1$ bis $\frac{p_2}{p_1} = \frac{p_k}{p_1}$ absolut und prozentual zunehmen. Als Höchstwert von ψ ergibt sich bei überhitztem Dampf 2,09, bei gesättigtem Dampf 1,99 (ausgedrückt in kg-m-sk-Einheiten), so daß $\psi_{\text{max überh.}}$ um rd. 5 vH größer sein sollte als $\psi'_{\text{max ges.}}$ Der Uebergang von $\psi'_{\text{max ges.}}$ auf $\psi'_{\text{max überh.}}$ sollte, wie ich in meiner Dissertation (»Neue Beiträge zur Dampfturbinentheorie«, Z. f. d. g. T., Jahrg. 1911) gezeigt habe, allmählich erfolgen; so sollte z. B. bei 3,5 at abs. eine Ueberhitzung von 40° C genügen, um die Steigerung von $\psi_{\text{max ges.}}$ auf $\psi'_{\text{max überh.}}$ herbeizuführen.

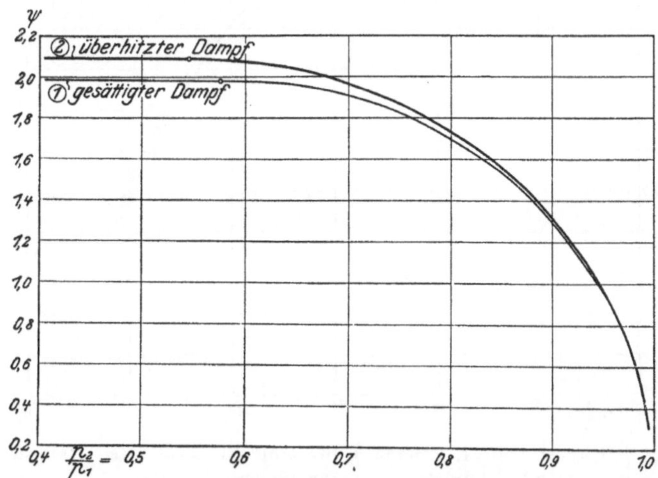

Abb. 1. Theoretische Kurven des Ausflußfaktors ψ für gesättigten und für überhitzten Dampf.

Im Jahre 1907 nun veröffentlichte Bendemann in der schon oben erwähnten Abhandlung: »Ueber den Ausfluß des Wasserdampfes« Versuchsergebnisse, die in vollem Gegensatze zu den vorstehenden aus der Theorie gewonnenen Folgerungen standen. Auf Grund von zahlreichen eigenen und fremden Versuchen gelangte Bendemann in dieser Arbeit zu folgenden Ergebnissen:

1) Der Gegendruck ist bei gesättigtem und bei überhitztem Dampf zwischen $\frac{p_2}{p_1} = 0$ und $\frac{p_2}{p_1} \backsim 0{,}54$ tatsächlich ohne jeden Einfluß auf den Ausflußfaktor ψ. Letzterer erweist sich innerhalb dieses Gebietes, der Theorie entsprechend, als unveränderlich, ändert sich jedoch für beide Dampfarten schon bei Ueberschreitung des Wertes $\frac{p_2}{p_1} \backsim 0{,}54$.

2) Bei gesättigtem Dampf liegen die durch Versuch gewonnenen Werte von ψ_{max} etwas höher (um etwa 2 vH) als die theoretische Zahl 1,99; der bei den Versuchen ermittelte Durchschnittswert beträgt 2,03.

3) Ein Einfluß der Ueberhitzung auf den Wert von ψ_{max} ist innerhalb der erreichten Temperaturgrenzen (120° C Ueberhitzung bei 3,5 at abs.) nicht zu bemerken.

4) Die für hohen Gegendruck erhaltene Kurve für die Abhängigkeit des Ausflußfaktors von dem Druckverhältnis gilt gleichzeitig für gesättigten und für überhitzten Dampf; sie liegt von $\frac{p_2}{p_1} = 0$ bis zum Werte $\frac{p_2}{p_1} \backsim 0{,}69$ oberhalb der theoretischen Kurve für gesättigten Dampf und von da ab bis zum Werte $\frac{p_2}{p_1} = 1$ unterhalb dieser Kurve.

In Abb. 2 ist die von Bendemann gefundene Kurve wiedergegeben; zum Vergleiche sind außerdem die schon in Abb. 1 dargestellten theoretischen Kurven für gesättigten und für überhitzten Dampf eingezeichnet. Im Kapitel: »Theoretische Folgerungen« der erwähnten Arbeit suchte Bendemann die erheblichen Abweichungen der Versuchsergebnisse von der Theorie zu erklären und kam dabei

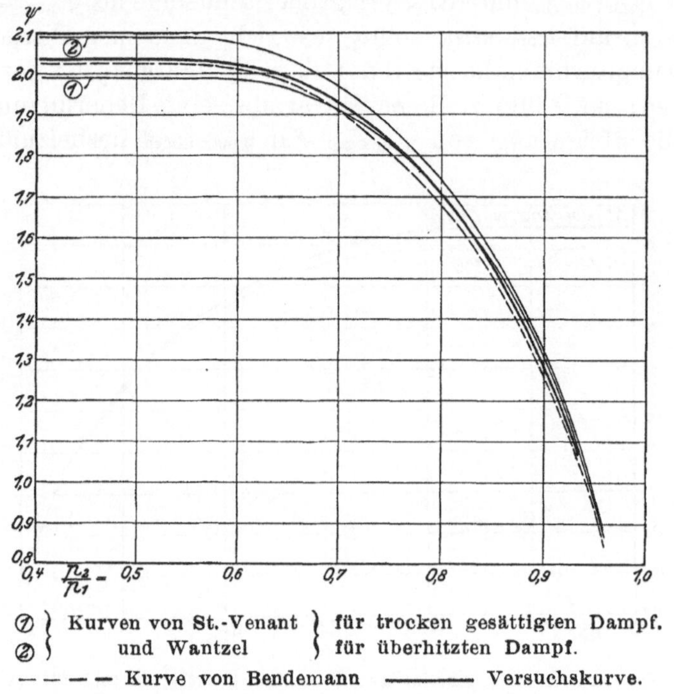

① } Kurven von St.-Venant und Wantzel } für trocken gesättigten Dampf.
② } Kurven von St.-Venant und Wantzel } für überhitzten Dampf.

– – – – Kurve von Bendemann ——— Versuchskurve.

Abb. 2. Kurve des Ausflußfaktors ψ für die einfache Mündung I.

zum Schlusse, daß der Wert von k für überhitzten Dampf erheblich kleiner als 1,33 bezw. 1,3 und nahezu gleich dem Werte von k für gesättigten Dampf sein müsse. Die seit der Veröffentlichung der Bendemannschen Arbeit erfolgte Verwertung der Knoblauch-Jakobschen c_p-Versuche zur Neukonstruktion der Entropiediagramme (Stodola und Schüle) und zur Aufstellung einer neuen Zustandsgleichung für Wasserdampf (Mollier-Callendar) hat diese Vermutung jedoch nicht bestätigt. $k_{\text{überh.}}$ wurde dabei zu rd. 1,30 bestimmt, so daß also die von Bendemann gegebene Erklärung hinfällig ist. Es muß hier noch erwähnt werden, daß schon vor Bendemann Rateau (Annales des mines 1902) und insbesondere Peabody-Kunhardt (Transact. of the Am. Soc. of Mech. Eng. 1890) die beträchtliche Abweichung des Ausflußfaktors von den theoretischen Werten festgestellt hatten; doch war es ihm vorbehalten, als erster die Bedeutung und allgemeine Gültigkeit dieser Abweichung zu erkennen.

Bei den von mir durchgeführten Versuchen an der einfachen Mündung hatte ich mir nun in erster Linie das Ziel gesteckt, die Bendemannschen Versuche zu wiederholen und im Falle einer Bestätigung seiner Mitteilungen womöglich die Ursache für die gefundenen Abweichungen aufzufinden. Die von mir anfänglich benutzte Versuchseinrichtung, Abb. 3, war von sehr einfacher Form; sie bestand lediglich aus einem Wasserabscheider, der am Austrittsflansch mit Gewinde zur Aufnahme der zu prüfenden Mündungskörper versehen war, und einem vor und hinter dem Mündungskörper angeschlossenen, etwa 4 m hohen Differentialmanometer mit einer Füllung von Quecksilber und Wasser. Dieses von Bendemann in seiner Arbeit (S. 13 und Abb. 6 und 7) beschriebene Differentialmanometer hat sich auch in meinem Falle vortrefflich bewährt. Bei der Anwendung machte ich jedoch die Erfahrung, daß die Vorrichtung nur dann einwandfreie Angaben liefert, wenn die Dampfzuleitungen genügend groß (etwa 3/4 bis 1″) gemacht und so die sonst auftretenden Haarröhrchenerscheinungen vermieden werden. Zur Messung des Anfangsdruckes wurde ein aus baulichen Gründen an den einen Schenkel des Differentialmanometers angeschlossenes Eckardtsches Doppelmanometer, zur Messung der Anfangstemperatur außer einem von der Physikalisch-Technischen Reichsanstalt in Charlottenburg

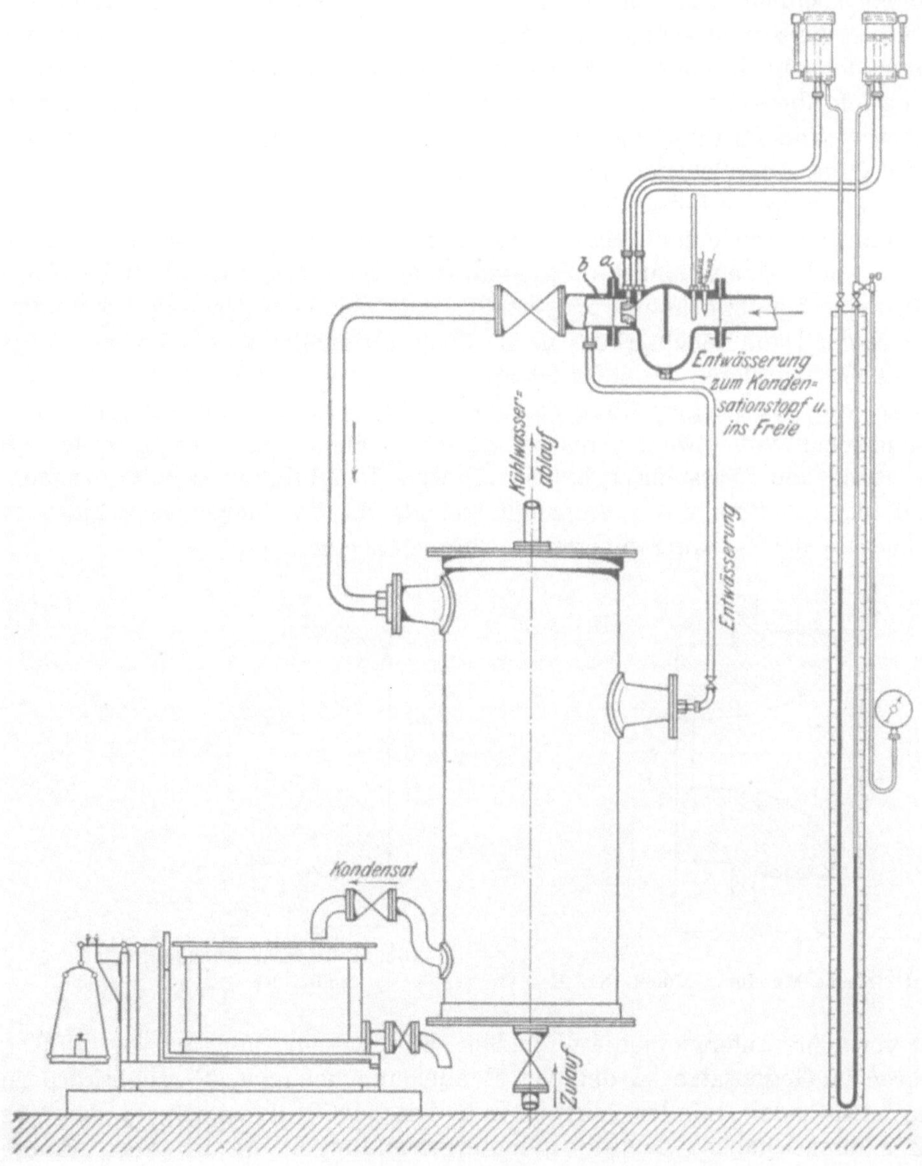

Abb. 3. Versuchseinrichtung.

geeichten Normalthermometer von Siebert & Kühn in Kassel ein im Laboratorium selbst angefertigtes Thermoelement in Verbindung mit einem von Siemens & Halske gelieferten Lindeckschen Kompensationsapparat verwendet. Der Anfangsdruck wurde an den Kesseln, die ausschließlich für die Versuche betrieben wurden, möglichst unverändert gehalten; das Personal bekam in der Bedienung der Kessel sehr bald eine genügende Fertigkeit, so daß die Schwankungen des Kesseldruckes während der Versuche nicht mehr als 1/10 at betrugen. Zur Einstellung des Gegendruckes diente ein Ventil, welches in die zum Kondensator führende Abdampfleitung eingebaut war. Leider stand mir keine Luftpumpe zur Verfügung, weshalb ich den Kondensator nur mit atmosphärischem Drucke betreiben und die Versuche nicht auch auf das Vakuumgebiet ausdehnen konnte. Der Kondensator war senkrecht aufgestellt, der Abdampfstutzen war in dessen oberen Hälfte angebracht. Das Kondensatabflußrohr war zur Erzielung einer Unterkühlung des Kondensats vom Anschlußstutzen ab auf eine kurze Strecke nochmals nach oben und erst dann in wagerechter Richtung zur Wage geführt, die zur Messung der Ausflußmenge benutzt wurde. Von der Bestimmung der spezifischen Dampfmenge bei den Versuchen mit gesättigtem Dampf habe ich abgesehen, und zwar in Hinblick auf die von Dr. Sendtner in seiner Arbeit: »Die Bestimmung der Dampffeuchtigkeit mit dem Drosselkalorimeter usw.« (Mitt. üb. Fschgsarb., Heft 98/99 u. Z. d. V. d. I. 1911 S. 1421) veröffentlichten Versuchsergebnisse über den Feuchtigkeitsgehalt des Dampfes nach dem Durchgange durch einen Wasserabscheider. Dr. Sendtner hat an einem in seiner Arbeit mit E bezeichneten Wasserabscheider, der eine ähnliche Form wie der von mir benutzte hatte, festgestellt, daß bei einer Dampfgeschwindigkeit von 1 m die Dampffeuchtigkeit nach dem Abscheider nur noch rd. 1 vH beträgt und bei größeren Dampfgeschwindigkeiten noch kleiner ist. Für die meisten der von mir angestellten Versuche würde nach Sendtner mit einem Feuchtigkeitsgehalt von etwa 0,5 bis 0,6 vH zu rechnen sein. Ich habe jedoch bei Auswertung der Versuchsergebnisse diesen Feuchtigkeitsgehalt vernachlässigt und die Annahme $x = 1$ zugrunde gelegt, da der hierdurch begangene Fehler innerhalb der Genauigkeitsgrenzen der Versuche bleibt.

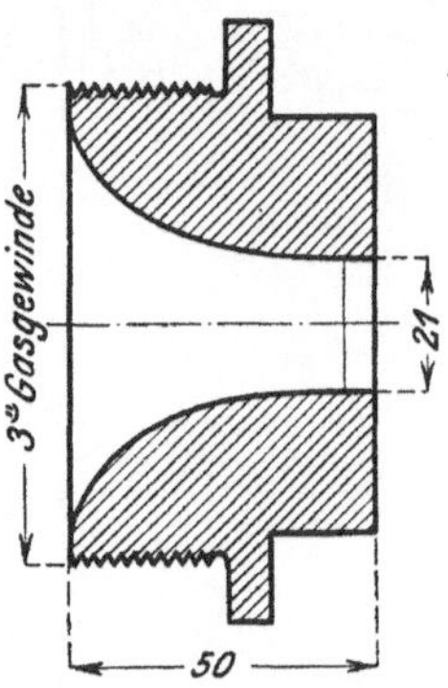

Abb. 4. Einfache Mündung, Modell Nr. I.

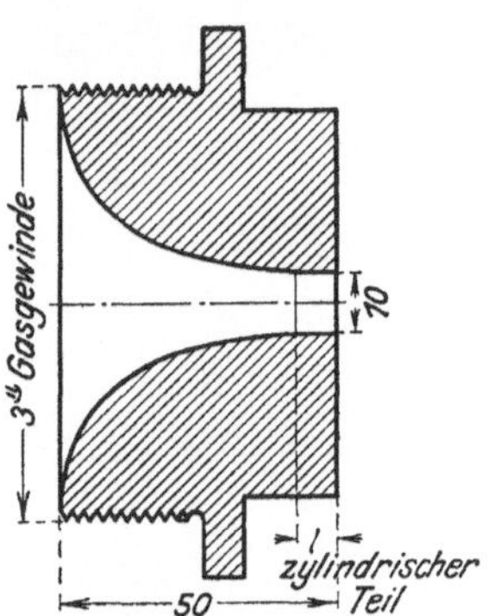

Abb. 5. Einfache Mündung, Modell Nr. III.

Die von mir untersuchten »einfachen Mündungen« aus Bronze, Abb. 4 und 5, waren im Gegensatze zu den von Bendemann benutzten Versuchskörpern mit einem mehr oder minder langen zylindrischen Teil versehen, um eine Sicherheit dafür zu haben, daß die Mündungswandungen an der Austrittkante nicht noch eine Neigung nach innen hatten, wodurch ein Anlaß zu einer Einschnürung des austretenden Strahles gegeben gewesen wäre. Für die Abrundung der Mündungen wurden zur Erzielung einer möglichst allmählichen Querschnittsänderung parabelförmige Kurven gewählt. Die Bestimmung der Mündungsdurchmesser wurde, wenn möglich, nach zwei verschiedenen Verfahren ausgeführt, einmal mittels Tasters und Schraubenlehre, das andere Mal mittels kegeliger Präzisionslehren, die mit einer 0,025 mm-Teilung versehen waren.

Selbstverständlich wurden alle bei den Versuchen verwendeten Meßgeräte von Zeit zu Zeit nachgeprüft und nur solche Geräte benutzt, die sich als unbedingt sicher erwiesen. Die Genauigkeit der Messungen konnte hierdurch auf durchschnittlich etwa 0,5 vH gesteigert werden; nur in vereinzelten Fällen wurden größere Abweichungen (bis 1,2 vH) festgestellt.

In der Zahlentafel 1 sind die Ergebnisse meiner Versuche zusammengestellt. Bei der Berechnung der Werte für das Druckverhältnis $\frac{p_2}{p_1}$ wurde der

Zahlentafel 1.

Versuche mit der »einfachen Mündung«. Bestimmung der Dampfaufnahme.

Zeit	Versuch Nr.	Druck vor der Mündung p_1 at	Temperatur vor der Mündung t_1 °C	Druckunterschied $p_1 - p_2$ mm	Druckverhältnis (reduziert) $\frac{p_2}{p_1}$	Ausflußfaktor ψ gemessen	ψ reduziert
a) Versuche mit hohen Gegendrücken.							
a) Mündung Nr. I mit 20,98 mm Dmr. ($F = 3{,}455$ qcm).							
3. 2. 11	1	5,99	254,0	243,3	0,9490	0,962	0,954
	2	6,00	252,5	181,2	0,9620	0,834	0,827
4. 2. 11	3	9,81	270,3	198,0	0,9747	0,684	0,677
	4	9,79	276,4	254,9	0,9673	0,780	0,772
	5	9,86	269,7	127,2	0,9838	0,548	0,543
8. 2. 11	6	5,74	241,6	276,1	0,9396	1,041	1,033
	7	5.97	241,2	263,3	0,9446	0,995	0,987
	8	5,97	243,5	241,1	0,9493	0,959	0,951
7. 2. 11	9	5,97	—	245,6	0,9484	0,961	0,957
	10	5,98	—	272,7	0,9428	1,013	1,008
	11	5,96	—	212,2	0,9553	0,904	0,900
	12	5,98	—	184,8	0,9612	0,844	0,840
Manometeranschluß versetzt.							
10. 2. 11	13	5,97	—	81,2	0,9829	0,557	0,554
	14	5,98	—	156,7	0,9673	0,776	0,772
	15	5,96	—	266,3	0,9439	1,002	0,997
b) Mündung Nr. II mit 22,50 mm Dmr. ($F = 3{,}970$ qcm).							
13. 2. 11	16	5,95	—	104,8	0,9779	0,642	0,639
	17	5,95	—	173,7	0,9634	0,817	0,813
	18	5,96	—	275,3	0,9420	1,019	1,014
c) Mündung Nr. III mit 10,56 mm Dmr. ($F = 0{,}875$ qcm).							
27. 3. 11	19	6,00	—	215,4	0,9549	0,911	0,906
	20	5,89	—	261,2	0,9443	1,003	0,998
	21	5,88	—	284,1	0,9393	1,044	1,039
28. 3. 11	22	8,71	—	142,2	0,9795	0,621	0,619
	23	8,68	—	263,2	0,9619	0,845	0,841
b) Versuche mit niedrigen Gegendrücken. Mündung Nr. III.							
15. 4. 11	24	6,61	—	2897	0,4500	2,039	2,030
	25	6,63	—	2231	0,5778	2,037	2,028
	26	6,64	—	2179	0,6884	2,032	2,023
	27	6,63	—	2138	0,5955	2,027	2,018
19. 4. 11	28	8,65	226,6	3510	0,4908	2,052	2,041
	29	8,66	234,6	3506	0,4920	2,047	2,034
	30	8,67	245,5	3514	0,4912	2,043	2,029
	31	8,66	261,1	3401	0,4928	2,051	2,036
	32	8,61	187,7	2045	0,7018	1,955	1,946
	33	8,65	198,0	3518	0,4900	2,055	2,044
	34	8,68	213,5	3510	0,4928	2,050	2,038
18. 4. 11	35	6,64	203,1	2553	0,5174	2,048	2,037
	36	6,65	221,1	2195	0,5858	2,055	2,043

ψ_{max} im Mittel = **2,035** (in kg-m-sk-Einheiten).

Einfluß der Raumtemperatur auf die spezifischen Gewichte der Manometerflüssigkeiten (siehe Bendemann, Heft 37 S. 14), bei der Bestimmung des Ausflußfaktors ψ die Vergrößerung der Mündungsquerschnitte durch die Dampfwärme berücksichtigt, wobei ich wie Bendemann annahm, daß die Temperatur des Mündungskörpers gleich der mittleren Dampftemperatur sei (siehe a. a. O. S. 18). Die unter Nr. 1 bis 12 in der Zahlentafel aufgeführten Versuche, welche an der Mündung Nr. 1 mit einem Austrittquerschnitt von 3,455 qcm unter verschiedenen Dampfverhältnissen bei hohen Werten des Gegendruckes ($\frac{p_2}{p_1}$ liegt dabei stets zwischen 0,94 und 1,00) durchgeführt wurden, lieferten in der Darstellung die in Abb. 6 eingetragene »Versuchskurve«. Bei diesen Versuchen

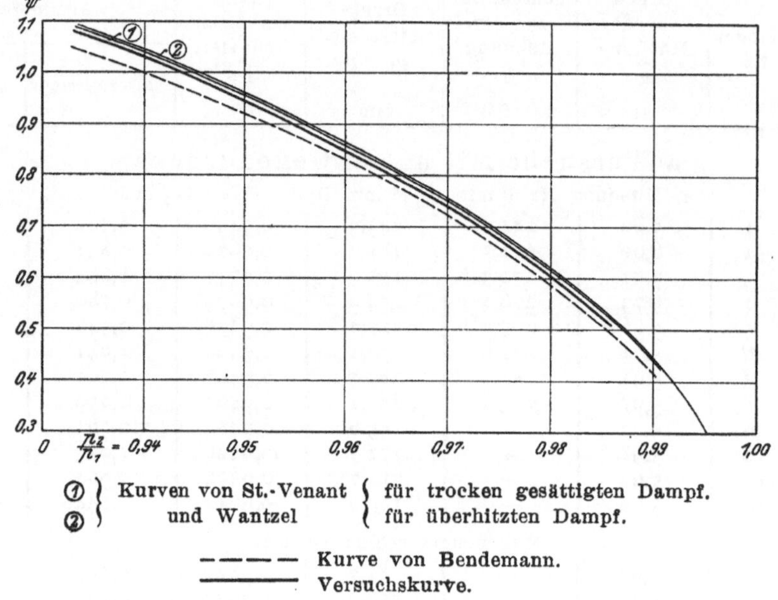

Abb. 6. Kurven des Ausflußfaktors ψ für die einfache Mündung (kleine Druckgefälle).

war der eine Schenkel des Differentialmanometers an der in der Abb. 3 mit *a* bezeichneten Stelle angeschlossen. Da diese Anordnung des Anschlusses in dem den Mündungskörper umgebenden Ringraum befürchten ließ, daß eine Saugwirkung entstehe und die Manometerangaben beeinflussen könnte, ließ ich probeweise diesen Anschluß nach dem Punkte *b* verlegen. Die Versuche 13 bis 15, die mit dieser Anordnung durchgeführt wurden, zeigten indessen, daß diese Bedenken unbegründet waren; es wurde desbalb für alle weiteren Messungen der Manometeranschluß am Punkte *a* benutzt. Es wurden dann weitere gleichartige Versuche (Nr. 16 bis 23) an den Mündungen II und III, welche ähnliche Formen, aber andere Austrittquerschnitte wie Mündung I besaßen, vorgenommen; ein Einfluß der Größe des Austrittquerschnittes auf die Werte von ψ konnte aber nicht festgestellt werden. Die mit Nr. III bezeichnete Mündung mit einem Querschnitt von 0,875 qcm wurde dann noch Versuchen mit niedrigen Gegendrücken unterworfen; die Ergebnisse sind unter Nr. 24 bis 36 aufgeführt.

Von den oben wiedergegebenen Bendemannschen Sätzen wurden Nr. 1 bis 3 vollinhaltlich bestätigt; ich fand wie Bendemann, daß bei Werten von $\frac{p_2}{p_1} < 0{,}54$ der Ausflußfaktor ψ sowohl für gesättigten als auch für überhitzten Dampf stets von gleicher Größe ist und daß bei der gut bearbeiteten einfachen

Mündung dieser Höchstwert von $\psi = \psi_{max}$ für beide Dampfarten etwa 2,03 beträgt. Satz 4 stimmt mit meinen Versuchsergebnissen nur teilweise überein; die von mir für hohen Gegendruck gewonnene Kurve (siehe Abb. 6 und Versuche Nr. 1 bis 12) gilt zwar auch gleichzeitig für gesättigten und für überhitzten Dampf, weicht jedoch in beträchtlichem Maße von der Bendemannschen Kurve ab. Ihr Schnittpunkt mit der theoretischen Kurve für gesättigten Dampf liegt bei $\frac{p_2}{p_1} \infty 0{,}80$, während die Bendemannsche Kurve ihn bei $\frac{p_2}{p_1} \infty 0{,}69$ aufweist. Die Ursache für diese Abweichung konnte nicht entdeckt werden; ich bemerke noch, daß meine Kurve sich auch bei allen später noch durchgeführten Versuchen als gültig erwiesen hat, trotzdem die Versuchseinrichtungen mittlerweile mehrmals weitgehende Aenderungen erfahren hatten. Ich werde das bei diesen späteren Versuchen gewonnene Zahlenmaterial noch weiter unten mitteilen und erwähne jetzt nur, daß dabei auch die Werte des Ausflußfaktors für mittlere Gegendrücke bestimmt wurden, um mittels dieser Werte und der in Zahlentafel 1 enthaltenen Werte die ψ-Kurve für den ganzen Bereich des Druckverhältnisses $\frac{p_2}{p_1}$ zu erhalten. Diese vollständige Kurve ist in Abb. 2 eingezeichnet, wodurch ein Vergleich mit den theoretischen Kurven und der Bendemannschen Versuchskurve ermöglicht ist. Als Näherungsgleichung für meine Versuchskurve kann die von Bendemann angegebene Ellipsengleichung

$$\psi = \frac{\psi_{max}}{1-\beta} \sqrt{1 - 2\beta\left(1 - \frac{p_2}{p_1}\right) - \left(\frac{p_2}{p_1}\right)^2} \quad . \; . \; . \; . \; . \; . \quad (5)$$

ebenfalls benutzt werden; für ψ_{max} ist jedoch 2,035 (s. Zahlentafel 1, Anmerkung) gegen 2,03 bei Bendemann und für β 0,570 gegenüber 0,545 einzusetzen.

Nachdem so durch die vorstehenden Versuche die Richtigkeit der Bendemannschen Mitteilung, daß die Formeln von de St. Venant-Wantzel und Zeuner für die Dampfaufnahme der einfachen Mündungen, d. i. die in der Zeiteinheit durch die Mündung strömende Dampfmenge in kg, nur mit geringer Annäherung gültig sind, bestätigt worden war, unternahm ich es, nach der Ursache dieser Abweichung von der Theorie zu suchen. Es lag nun nahe, die Abweichung auf die Einwirkung des Wärmeaustausches zwischen Dampf und Mündungswandungen zurückzuführen. Nach den Untersuchungen von Batho (Proc. of the Inst. of Civ. Eng. Bd. 174 S. 317 bis 331) sollte dieser Wärmeaustausch stark genug sein, um einen merkbaren Einfluß auf die Expansionskurve des Dampfes auszuüben; die von diesem durch Versuch gefundenen Temperaturkurven des Dampfes längs der Mündung können als ein Beweis dafür angesehen werden, daß bei einer in meiner Versuchsvorrichtung, Abb. 3, eingesetzten Mündung von der in den Abb. 4 und 5 dargestellten Form der Dampf am Eintritt in die Mündung Wärme an die Wandungen abgibt und an den dem Austritt benachbarten Flächen einen Teil dieser Wärme den Wandungen wieder entnimmt. Während dieser Teil der Wärme längs der Mündungswandungen strömt, muß der restliche, an das umgebende Rohrstück übergehende seinen Weg durch den Mündungskörper nehmen. Für den expandierenden Dampf bedingt hier die Wandwirkung im ganzen eine Wärmeabfuhr. Von diesen Anschauungen ausgehend, benutzte ich bei den zur Klärung der Verhältnisse angestellten Versuchen als Mündungen mit verringerter Wandwirkung außer einer Porzellanmündung, Abb. 7, ein dünnwandiges, aus dem Vollen gedrehtes eisernes Mündungsstück, Abb. 8. Die letzterwähnte Mündung, die kurz »Blechmündung« genannt werden mag, war mit einem das Gewinde tragenden Bronzering durch Schrauben verbunden, von diesem aber durch Dichtungen vor Wärmeübergang möglichst geschützt. Die mit beiden Mündungen angestellten Versuche sind in Zahlentafel 2 zusammengestellt; ein Vergleich mit Zahlen-

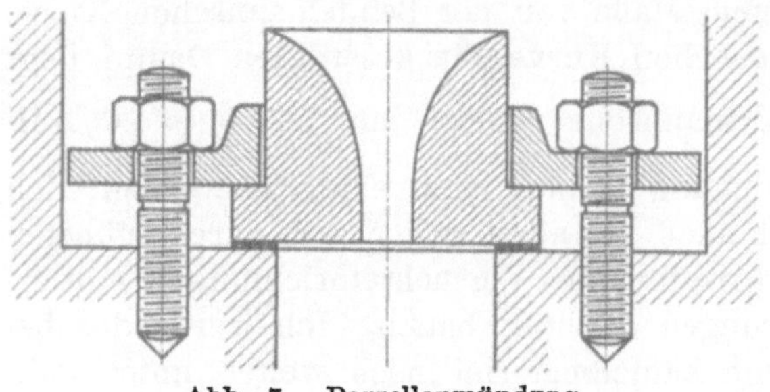

Abb. 7. Porzellanmündung.

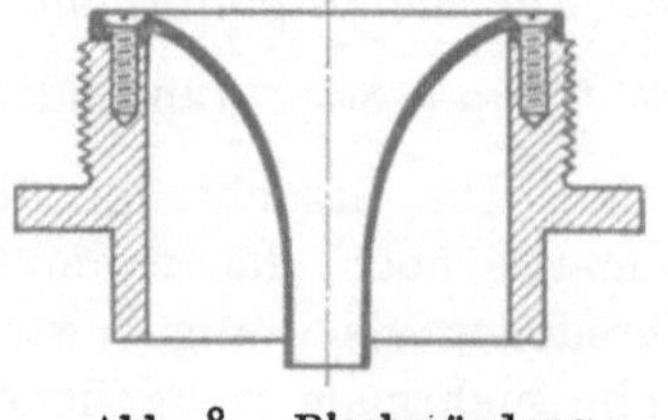

Abb. 8. Blechmündung.

Zahlentafel 2.
Versuche mit der »einfachen Mündung«. (Blech- und Porzellanmündung).
Bestimmung der Dampfaufnahme.

Zeit	Versuch Nr.	Druck vor der Mündung p_1 at	Temperatur vor der Mündung t_1 °C	Druckunterschied $p_1 - p_2$ mm	Druckverhältnis (reduziert) $\frac{p_2}{p_1}$	Ausflußfaktor ψ gemessen	Ausflußfaktor ψ reduziert
		a) Blechmündung von 10,30 mm Dmr. ($F = 0{,}832$ qcm).					
31. 7. 11	1	6,64	—	2955	0,4410	2,046	2,038
	2	6,67	—	148,7	0,9720	0,718	0,715
	3	6,66	—	273,8	0,9485	0,966	0,962
1. 8. 11	4	6,65	241,1	184,3	0,9653	0,803	0,799
	5	6,69	242,5	273,8	0,9487	0,962	0,957
		b) Porzellanmündung von 10,85 mm Dmr. ($F = 0{,}924$ qcm).					
12. 10. 11	6	6,67	—	500,5	0,9058	1,283	1,277
	7	6,66	—	207,2	0,9610	0,836	0,832
13. 10. 11	8	6,68	—	215,9	0,9594	0,856	0,852
	9	6,68	—	297,5	0,9441	0,999	0,994
	10	6,66	—	2627	0,5052	2,042	—
	11	6,68	—	2699	0,4930	2,057	2,047
18. 10. 11	12	6,67	244,4	2667	0,4980	2,048	—

tafel 1 und der Versuchskurve in Abb. 2 zeigt, daß die Werte des Ausflußfaktors ψ bei einem bestimmten Werte von $\frac{p_2}{p_1}$ für alle von mir untersuchten einfachen Mündungen nahezu einander gleich sind. Baustoff und Wandwirkung sind demnach ohne nennenswerten Einfluß auf die Dampfaufnahme. Fliegner, der schon 1877 solche vergleichende Versuche mit Druckluft an Messing- und Holzmündungen durchgeführt hat, kam damals zu dem Ergebnis, daß das Auftreten einer Wandwirkung eine Aenderung der Dampfaufnahme bedinge (siehe Fliegner, Versuche über das Ausströmen der atmosphärischen Luft durch gut abgerundete Mündungen, Civiling. Bd. 25, Heft 6 und 7). Es mag jedoch bemerkt sein, daß die Genauigkeit seiner Versuche zu gering war, um sein Ergebnis als unbedingt sicher erscheinen zu lassen. Das Ergebnis meiner Versuche wird übrigens durch nachstehende theoretische Untersuchung bestätigt.

Ich will dabei den allgemeinen Fall betrachten, daß die Strömung außer mit Wandwirkung noch mit Widerstand behaftet sei, will aber zur Gewinnung einer größeren Uebersichtlichkeit den Einfluß der beiden Faktoren nacheinander untersuchen. Dr. Gensecke hat in seiner Arbeit: »Untersuchung einer 300 KW-

Parsonsturbine« (Z. f. d. g. T. 1909 S. 104) den besonderen Fall der widerstandslosen Strömung mit Wandwirkung mit Hülfe des T-S-Diagrammes untersucht; ich werde in meinen folgenden Ausführungen den gleichen Weg einschlagen.

Bei adiabatischer Expansion, also einer Expansion ohne Widerstand und ohne Wandwirkung, wird die freiwerdende und im Dampfe beim Austritt aus der Mündung als Geschwindigkeitsenergie enthaltene Arbeitsmenge durch die Fläche II-I-1-2 der Abb. 9 dargestellt. Punkt 2 stellt hierbei den Zustand des Dampfes beim Austritt aus der Mündung dar. Ist die Strömung mit einem

Abb. 9 bis 11. Darstellung von Expansionskurven im T-S-, I-S- und p-v-Diagramm.

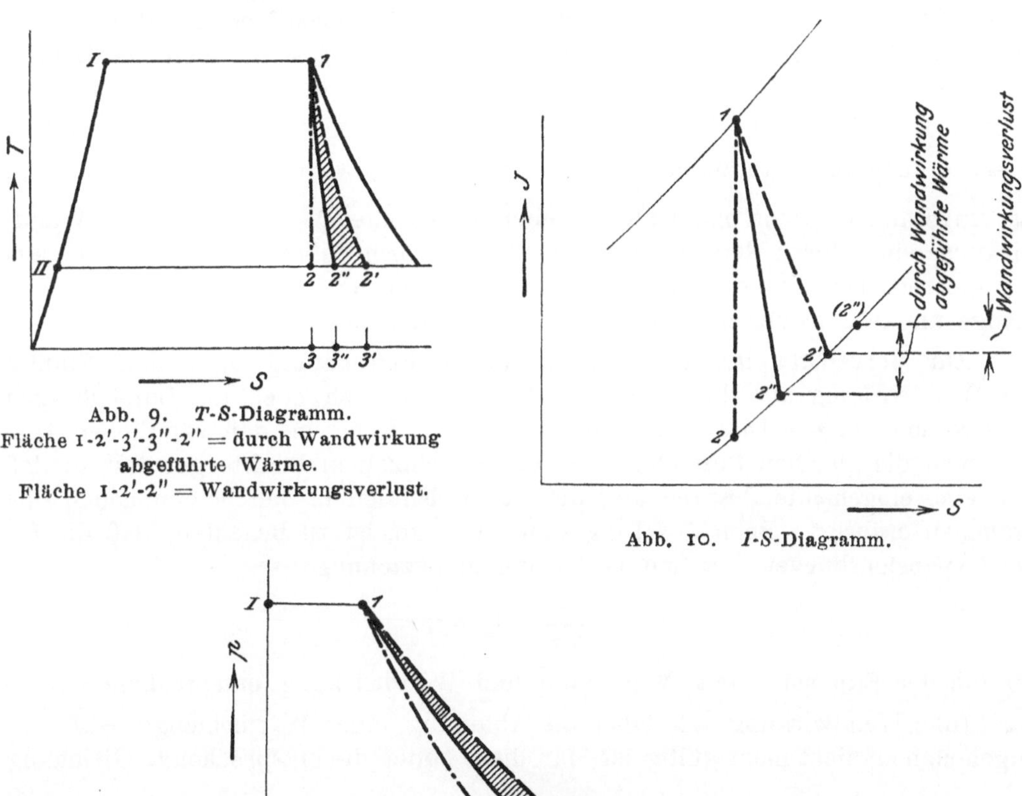

Abb. 9. T-S-Diagramm. Fläche 1-2'-3'-3"-2" = durch Wandwirkung abgeführte Wärme. Fläche 1-2'-2" = Wandwirkungsverlust.

Abb. 10. I-S-Diagramm.

Abb. 11. p-v-Diagramm. Fläche 1-2'-2" = Wandwirkungsverlust.

Widerstande verbunden, so ergibt sich bekanntlich eine Expansionslinie, die rechts von der Adiabate verläuft, z. B. die Linie 1-2'; die gesamte zur Ueberwindung der Reibung aufgewendete Arbeit ist dann gleich der Fläche 1-2'-3'-3-2. Das Aequivalent der Fläche 1-2'-2 wird aber während der Strömung als »rückgewonnene Wärme« wieder aus Wärme in Arbeit verwandelt, so daß der endgültige Widerstandsverlust durch Fläche 2-2'-3'-3 und die zuletzt erhaltene Geschwindigkeitsenergie durch den Unterschied der Fläche II-I-1-2' und der Widerstandsfläche 2-2'-3'-3 gegeben sind. Punkt 2' entspricht nunmehr dem Zustande des Dampfes beim Verlassen der Mündung. Tritt nun zum Widerstand auch noch eine Wärmeabfuhr durch die Wandwirkung, so verläuft die Expansionskurve vom Punkte 1 nach einem Punkte 2'', der kleinere Entropie- und Volumwerte als Punkt 2' besitzt. Der gesamten durch Wandwirkung abgeführten Wärme entspricht dann die Fläche 1-2'-3'-3''-2''; da aber davon die durch den Flächenstreifen 2'-3'-3''-2'' dargestellte Wärme auch bei der Expansion von 1 nach 2' abgeführt werden muß, so bleibt nur ein definitiver Wandwirkungsverlust entsprechend der Flache 1-2'-2''. Die endgültig in Geschwindigkeit umgesetzte Energie ist dann durch den Unterschied der Fläche II-I-1-2'' und der Widerstandsfläche 2-2'-3'-3 ausgedrückt und also kleiner als bei der Expansion 1-2'.

Betrachten wir nun den Einfluß der durch Wandwirkung hervorgerufenen Wärmeabfuhr auf die Dampfaufnahme der Mündung, so ergibt sich aus dem Vorstehenden, daß durch das Hinzutreten der Wärmeabfuhr die dem Dampf erteilte Geschwindigkeit c verkleinert wird, gleichzeitig aber auch das Dampfvolumen v im Austrittquerschnitt vermindert wird, so daß, wie Zahlenbeispiele zeigen, das durch die Mündung strömende Dampfgewicht in der Zeiteinheit $G = F\frac{c}{v}$ nahezu unverändert bleibt. Das Dampfgewicht G bleibt auch dann fast unverändert, wenn man statt der eben behandelten Wärmeabfuhr der Wandwirkung eine durch letztere herbeigeführte Wärmezufuhr annimmt. Die aus der theoretischen Untersuchung gewonnene Folgerung steht also in vollem Einklange mit dem früher mitgeteilten Versuchsergebnisse.

Zur Vervollständigung der vorstehenden Betrachtung über den Einfluß der Wandwirkung auf die Dampfaufnahme möchte ich noch die Darstellungen im I-S- und im p-v-Diagramm hinzufügen. Ich habe in den sämtlichen Diagrammen die gleichen Bezeichnungen für die einzelnen Punkte gewählt, so daß sich eine eingehende Besprechung der Zustandslinien in den beiden neuen Diagrammen erübrigt. Beim I-S-Diagramm, Abb. 10, ist zu beachten, daß die für die Expansionskurven 1-2 und 1-2' geltende Beziehung

$$A\frac{c^2}{2g} = i_1 - i_2 \quad \dots\dots\dots \quad (6)$$

für die der Expansion mit Widerstand und Wandwirkung entsprechende Linie 1-2'' (die Wandwirkung ist dabei als Ableitung einer Wärmemenge — $Q\nearrow$ — angenommen) nicht mehr gültig ist; für diese lautet die entsprechende Gleichung

$$A\frac{c^2}{2g} = i_1 - i_2'' - Q\nearrow \quad \dots\dots\dots \quad (7).$$

Die dabei entwickelte Geschwindigkeitsenergie ist, wie schon bei der Besprechung des T-S-Diagrammes gezeigt wurde, von geringerem Betrage als bei den übrigen Zustandslinien 1-2 und 1-2' und würde bei Gültigkeit der Gl. (6) auf einen Punkt (2'') führen, der von dem Endpunkte 2'' der wirklichen Zustandskurve abweicht und noch oberhalb des Punktes 2' liegt. Wie Gl. (7) zeigt, entspricht nun der Unterschied der Erzeugungswärmen von (2'') und 2'' der gesamten durch die Wandwirkung abgeführten Wärme, und der Unterschied der Erzeugungswärmen von (2'') und 2' dem resultierenden Wandwirkungsverlust (siehe auch Dr. Deinlein, »Ueber die Bewertung von Kolbenmaschinen«, Z. d. B. R. V. 1911 S. 46). Bei der Betrachtung des p-v-Diagrammes, Abb. 11, ist es zweckmäßig, von der für Strömungen allgemein gültigen Gleichung

$$A\frac{c\,dc}{g} = -dW - Av\,dp \quad \dots\dots\dots \quad (8)$$

Gebrauch zu machen (siehe Lorenz, Techn. Wärmelehre 1904 S. 125 Formel 5a).

dW bedeutet in dieser Gleichung das Element der Widerstandsarbeit.

Diese Gleichung besagt, daß bei allen widerstandsfreien Strömungen, seien sie nun mit Wärmezu- oder -abfuhr verbunden, die von der Zustandslinie und der Ordinatenachse eingeschlossene Fläche gleich ist der erzielten Geschwindigkeitsenergie, während diese Fläche bei allen mit Widerstand behafteten Strömungen gleich ist der Summe aus der Widerstandsarbeit und der Geschwindigkeitsenergie.

Wendet man diese Gleichung auf die Zustandsänderungen 1-2' und 1-2" an und nimmt gleichzeitig die Integration vor, so erhält man folgende Beziehungen:

$$\frac{A(c_2')^2}{2g} = -A\int_1^{2'} v\,dp - W \quad \ldots \ldots \ldots \quad (9)$$

und

$$\frac{A(c_2'')^2}{2g} = -A\int_1^{2''} v\,dp - W \quad \ldots \ldots \ldots \quad (10).$$

$-A\int_1^{2'} v\,dp$ wird durch die Fläche II-I-1-2' und $-A\int_1^{2''} v\,dp$ durch die Fläche II-I-1-2" dargestellt. Subtrahiert man die Gl. (9) und (10) von einander, so ergibt sich:

$$\frac{A(c_2')^2}{2g} - \frac{A(c_2'')^2}{2g} = -A\int_1^{2'} v\,dp - \left(-A\int_1^{2''} v\,dp\right) = \text{Fläche } 1\text{-}2'\text{-}2'' \quad . \quad (11),$$

d. h. die bei der Zustandsänderung 1-2" erzielte Geschwindigkeitsenergie ist um das Aequivalent der Fläche 1-2'-2" geringer als die bei der Zustandsänderung 1-2' gewonnene, welches Ergebnis sich vollkommen mit dem Ergebnis der Betrachtung des *T-S*-Diagrammes deckt. (Siehe auch eine ähnliche Untersuchung über den Einfluß der Kühlung auf den Arbeitsverbrauch eines Turbokompressors — in der Arbeit von Dr. Zerkowitz: »Beitrag zur Berechnung der Kompressoren« Z. f. d. T. 1911 Heft 34 bis 36.)

Nachdem ich so die Ueberzeugung gewonnen hatte, daß die Wandwirkung nicht die Ursache der für die Dampfaufnahme festgestellten Abweichung von der Theorie darstellt, ging ich daran, durch an den Mündungskörpern angebrachte feine Bohrungen die bei den verschiedenen Betriebsverhältnissen sich einstellenden Drücke im Innern der Mündungen, insbesondere aber den Mündungsdruck selbst zu bestimmen. Diese Druckmessungen sollten vor allem dazu dienen, einmal festzustellen, inwieweit die der Theorie zugrunde gelegte Annahme über diesen Mündungsdruck den wirklichen Verhältnissen entspricht. Es lagen zwar schon einige Versuchsarbeiten vor, die sich mit dieser Aufgabe befaßt hatten; ich erwähne von diesen die Arbeit von Napier (Engineer 1869 S. 287) und diejenige von Peabody-Kunhardt (Transact. of the Am. Soc. of Mech. Eng. 1890) für gesättigten Dampf und die über Versuche mit Luft berichtende Arbeit von Fliegner im Civiling. 1877 S. 443. Sämtliche Arbeiten hatten zu dem Ergebnis geführt, daß sie die von de St. Venant und Wantzel aufgestellte Annahme wohl bestätigen. Da diese Arbeiten jedoch entweder wegen der Mängel der benutzten Versuchseinrichtungen oder wegen nicht ganz zweckmäßiger Wahl der Versuchsbedingungen nur wenig geeignet erschienen, zur Nachprüfung dieser Annahme zu dienen, so suchte ich meine Versuche so einzurichten, daß sie eine möglichst einwandfreie Nachprüfung für die erwähnte Annahme abgeben und außerdem Aufschluß darüber bringen mußten, wo die Ursache für die bei der Dampfaufnahme festgestellte Unregelmäßigkeit liegt.

Ich verband zu diesem Zwecke bei einem Teil der Versuche mit der Bestimmung des Mündungsdruckes eine Messung der Dampfaufnahme und strebte im übrigen danach, bei der ersteren möglichst große Genauigkeit zu erreichen. Im Gegensatze zu den früheren Arbeiten auf diesem Gebiete verwendete ich zur Ermittlung des Mündungsdruckes statt des üblichen Federmanometers ein Bendemannsches Differentialmanometer, wie es schon zur Bestimmung des Druckunterschiedes $(p_1 - p_2)$ benutzt wurde, wobei ich hiermit den Unterschied zwischen dem Drucke p_x an der innerhalb des Mündungskörpers liegenden Meßstelle und dem Drucke nach der Mündung p_2 feststellte. Aus dem Drucke vor der Mündung p_1 und den beiden Werten für die Druckunterschiede $(p_1 - p_2)$ und $(p_x - p_2)$ konnte dann der Mündungsdruck p_x berechnet werden. Für die Durchführung dieser Druckmessungen mußte die bis jetzt verwendete Versuchseinrichtung etwas abgeändert werden. Der Mündungskörper und der nunmehr hierfür vorgesehene besondere Flansch, Abb. 12 und 13, wurden derart mit

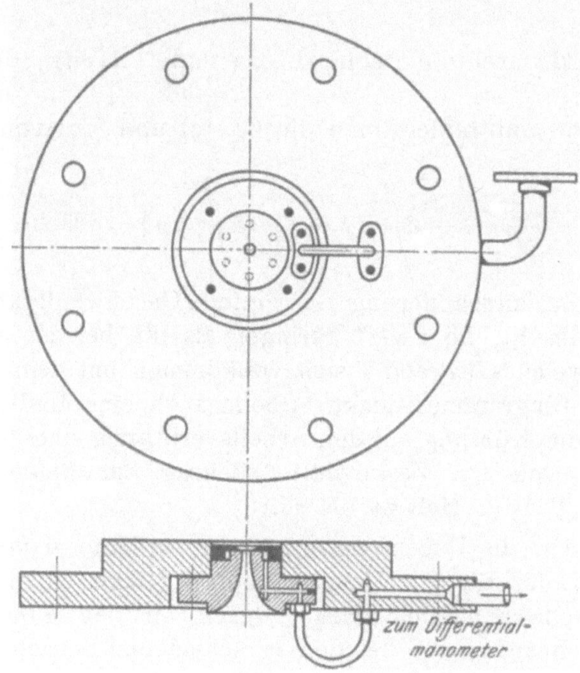

Abb. 12 und 13. Flansch mit Mündungskörper.

Bohrungen ausgestattet, daß durch diese und ein kurzes Verbindungsrohr aus Kupfer der Mündungsdruck nach außen zum Differentialmanometer Nr. 2 weitergeleitet und so der Messung zugänglich gemacht wurde. Der Flansch samt Mündungskörper wurde in einem Gefäße *a* untergebracht, dessen Bau aus Abb. 14 und 15 ersichtlich ist und an dem sämtliche Meßstellen für Druck und Temperatur angeordnet waren. Zur Dampftrocknung wurde dem Gefäße *a* der schon zu den vorhergehenden Versuchen benutzte Wasserabscheider vorgeschaltet; die übrigen Teile der ersten Versuchseinrichtung wurden, da sie sich bewährt hatten, beibehalten. Die beiden Photographien, Abb. 18 und 19, zeigen die räumliche Anordnung der Versuchseinrichtung, wobei allerdings am Gefäße *a* schon eine weitere, später vorgenommene Abänderung bemerkbar ist, da die beiden Bilder erst nach Abschluß der Versuche aufgenommen wurden. Das oben erwähnte Gefäß *a* wurde bei den später durchgeführten Versuchen mit der Zölly-Mündung (Modell II) durch ein größeres (Gefäß *b*, s. Abb. 16 und 17) ersetzt, welche Abänderung aber keinen Einfluß auf die bei den Versuchen ermittelten Druckwerte hatte.

Bei den Vorversuchen wurde sehr bald die Wahrnehmung gemacht. daß die aus normaler Bronze angefertigten Mündungskörper sehr stark porig waren und damit eine genaue Bestimmung des Mündungsdruckes unmöglich war. Das übliche Mittel zur Herstellung einer dichten Bronze, nämlich das Gießen eines hohen Bronzezylinders und die ausschließliche Verwendung des unteren Zylinderteiles für den anzufertigenden Mündungskörper, half ebenfalls nichts. Diese Schwierigkeiten waren glücklicherweise beseitigt, als ich als Stoff für die Mündungskörper die sich als vollkommen dicht erweisende Delta-H.-D.-Bronze von Wieland & Cie. in Ulm verwendete. Zur Vorsorge wurden jedoch von da ab nach jeder Abänderung der Versuchseinrichtung Mündungskörper und

Abb. 14 bis 17. Mündungsgefäße mit Wasserabscheider.

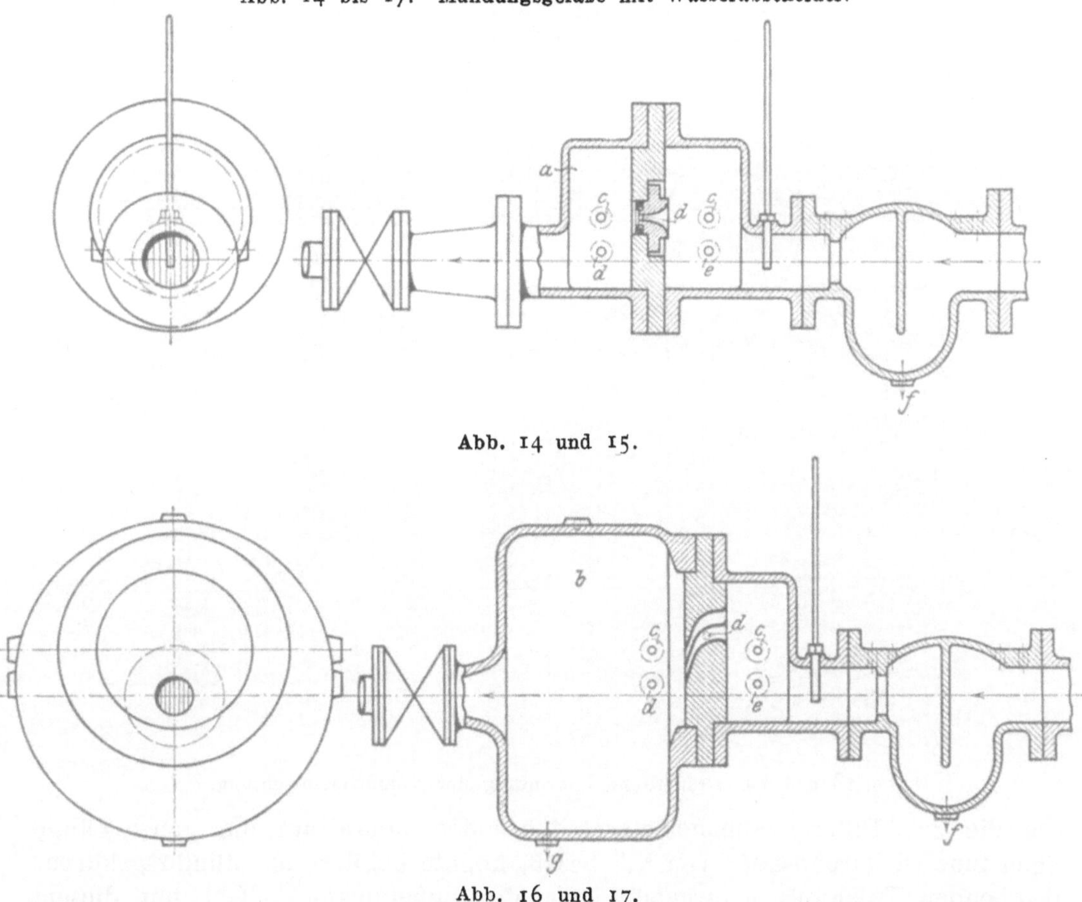

Abb. 14 und 15.

Abb. 16 und 17.

c c zum Differentialmanometer 1 und Manometer, *d d* zum Differentialmanometer 2 und Manometer, *e* Thermoelement, *f* Entwässerung zum Kondensationstopf und ins Freie, *g* Entwässerung zum Kondensator.

Flansch auf Dichtheit geprüft, welche Vorsichtsmaßregel sich insbesondere bei den später an gußeisernen Leiträdern durchgeführten Versuchen als sehr zweckmäßig erwies.

Um die an den Bohrungsrändern der Manometerlöcher leicht entstehenden, die Manometerangaben fälschenden Saugwirkungen (s. Büchner 1904, Mitt. über Forschgsarb. Heft 18, S. 89 u. f.) zu vermeiden, ließ ich an diesen Querbohrungen stets die innere Mündungskante etwas abrunden. Ich habe jedoch weiter darauf gesehen, diese Abrundung nicht zu groß zu machen und außerdem nur Mündungen von möglichst großem Querschnitt zu untersuchen, damit die Anbohrung möglichst ohne Einfluß auf die Expansion des Dampfstrahles bleiben sollte.

Daß im übrigen die mit Querbohrungen erhaltenen Druckwerte von den wirklichen Werten bei einer sorgfältigen Ausführung der Messung nur um geringfügige Beträge abweichen, dürfte durch die einschlägigen Versuche Stodolas (s. Stodola, Dampfturb. 1910, S. 59 bis 61) erwiesen sein.

An dem neu aufgestellten Differentialmanometer zeigten sich bei den Versuchen Schwankungen in den Angaben, welche ihre Ursache in der Haarröhrchenwirkung der Dampfzuführungszuleitungen hatten. Während das am Gefäßkörper angeschlossene Dampfzuleitungsrohr zum Differentialmanometer II ebenso

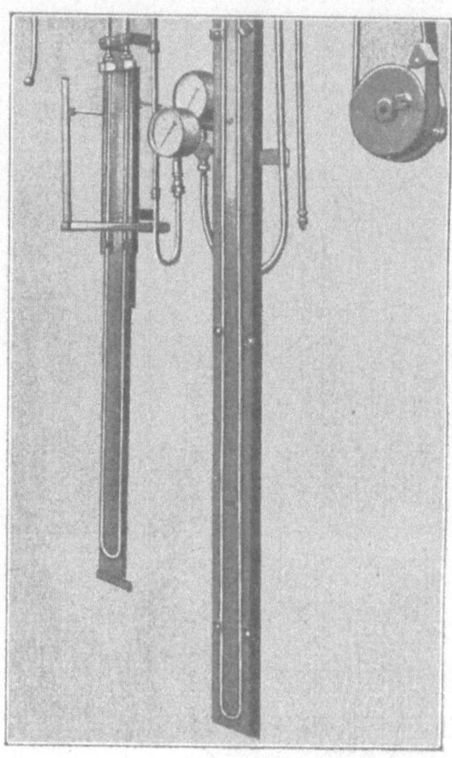

Abb. 18 und 19. Räumliche Anordnung der Versuchseinrichtung.

wie die zum Differentialmanometer I führenden Rohre auf die ganze Länge einen inneren Durchmesser von $^{3}/_{4}''$ besaß, konnte bei der vom Mündungskörper abgehenden Zuleitung naturgemäß nur der außenliegende Teil mit diesem großen Querschnitt ausgeführt werden. Die geringe Weite, die die letztere Leitung in den Bohrungen des Mündungskörpers und des Flansches hatte, bewirkte nun, daß ein Teil dieses Rohres ständig mit Wasser gefüllt war. Leider konnten die Zuleitungsrohre nicht so geführt werden, daß ein Höhenunterschied vermieden gewesen wäre. Die längere Beobachtung des Differentialmanometers ergab nun, daß dem Nullwert des Druckunterschiedes im Durchschnitt eine Instrumentenangabe von -10 mm entsprach. Es muß zugegeben werden, daß diese Erscheinung, die leider nicht beseitigt werden konnte, eine Fehlerquelle darstellt, da sich die Haarröhrchenwassersäule in dem einen Zuleitungsrohr stets ändern und damit die beobachteten Schwankungen in den Angaben des Manometers herbeiführen konnte. Es erwies sich jedoch als möglich, den Zuleitungsrohren so geringes Gefälle zu geben, daß die Unsicherheit in den Angaben des Manometers nicht mehr als ± 10 mm betrug und so gegenüber den gemessenen Druckunterschieden nur eine geringe Rolle spielte. Die angegebene Fehlergröße berechnete sich aus den beiden Grenzfällen, wobei einmal das ganze Rohr mit Wasser gefüllt, das andere Mal vollständig wasserleer ange-

Zahlentafel 3.
Versuche an der einfachen Mündung. Druckmessungen.

Zeit	Versuch Nr.	Druck p_1 at	Temperatur t_1 °C	Druckunterschied $p_1 - p_2$ mm	Druckunterschied $p_x - p_2$ mm	Druckverhältnis $\frac{p_2}{p_1}$	Druckverhältnis $\frac{p_x}{p_1}$	Verhältnis $\frac{\Delta p}{p_1}$	
29. 1. 12	1	6,69	—	374	— 36	0,9299	0,9231	—0,0068	gesättigter Dampf. Mündung Nr. IV mit $F = 0,892$ qcm, zylindrische Länge 7 mm, Meßloch Nr. 1
	2	6,69	—	677	— 68	0,8731	0,8603	—0,0128	
	3	6,69	—	1138	— 94	0,7866	0,7600	—0,0176	
	4	6,70	—	1163	— 133	0,7456	0,7207	—0,0249	
	5	6,68	—	1545	— 172	0,7098	0,6775	—0,0323	
	6	6,68	—	1728,5	— 240	0,6753	0,6302	—0,0451	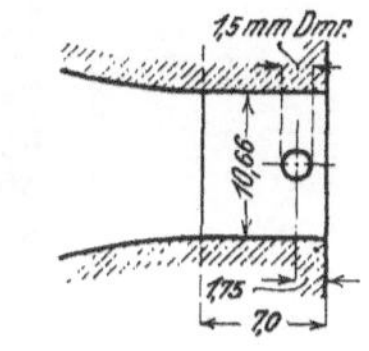
	7	6,68	—	1908	— 295	0,6416	0,5862	—0,0554	
	8	6,70	—	2073	— 265	0,6118	0,5621	—0,0497	
	9	6,70	—	2228	— 180	0,5825	0,5488	—0,0337	
	10	6,68	—	2366	— 88	0,5555	0,5390	—0,0165	
	11	6,69	—	2486	+ 24	0,5336	0,5381	+0,0045	
	12	6,70	—	2604	+ 158	0,5126	0,5422	+0,0296	
	13	6,68	—	2847	+ 405	0,4652	0,5413	+0,0761	
	14	6,72	—	3231	+ 765	0,3968	0,5397	+0,1429	$\left(\frac{p_x}{p_1}\right)_{krit} = 0,539$
	15	6,69	—	3780	+1325	0,2908	0,5393	+0,2485	
3. 2. 12	16	8,72	—	780	— 82	0,8878	0,8760	—0,0118	
	17	8,71	—	1081	— 115	0,8442	0,8276	—0,0166	
	18	8,69	—	1309	— 142	0,8110	0,7905	—0,0205	
	19	8,67	—	1729	— 166	0,7496	0,7256	—0,0240	
	20	8,71	—	1936	— 249	0,7212	0,6853	—0,0359	
	21	8,70	—	2322	— 325	0,6650	0,6181	—0,0469	
	22	8,70	—	2525	— 411	0,6358	0,5765	—0,0593	
	23	8,71	—	2720	— 330	0,6082	0,5607	—0,0475	
	24	8,70	—	3032	— 141	0,5628	0,5423	—0,0205	
	25	8,70	—	3179	+ 2	0,5415	0,5418	+0,0003	
	26	8,73	—	3480	+ 293	0,5000	0,5421	+0,0421	
	27	8,71	—	3887	+ 712	0,4398	0,5425	+0,1026	0,5425
	28	4,64	—	601,5	— 26	0,8373	0,8303	—0,0070	
	29	4,64	—	830	— 55	0,7756	0,7607	—0,0149	
	30	4,64	—	1171	— 104	0,6837	0,6556	—0,0281	
	31	4,64	—	1290	— 142	0,6512	0,6128	—0,0384	
	32	4,64	—	1415	— 170	0,6173	0,5713	—0,0460	
	33	4,63	—	1685	— 46	0,5435	0,5310	—0,0125	
	34	4,64	—	1870	+ 126	0,4945	0,5286	+0,0341	
	35	4,62	—	2933	+1191	0,2030	0,5266	+0,3233	0,526
	36	6,71	—	222	+ 10	0,9585	0,9604	+0,0019	Meßloch Nr. 2
	37	6,71	—	685	+ 41	0,8719	0,8796	+0,0077	
	38	6,71	—	911	+ 68	0,8296	0,8423	+0,0127	
	39	6,73	—	1113	+ 95	0,7926	0,8103	+0,0177	
	40	6,70	—	1336	+ 130	0,7498	0,7742	+0,0244	
	41	6,71	—	1584	+ 180	0,7038	0,7375	+0,0337	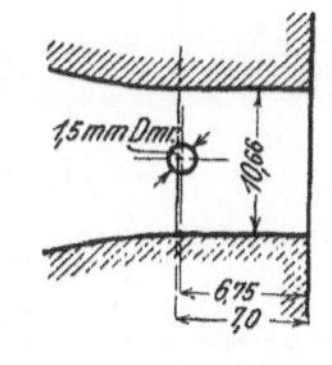
	42	6,71	—	1816	+ 233	0,6603	0,7039	+0,0436	
	43	6,71	—	2026	+ 314	0,6212	0,6799	+0,0587	
	44	6,69	—	2220	+ 432	0,5838	0,6648	+0,0810	
	45	6,70	—	2409	+ 600	0,5488	0,6611	+0,1123	
	46	6,71	—	2554	+ 734	0,5224	0,6597	+0,1373	
	47	6,71	—	2735	+ 910	0,4885	0,6587	+0,1702	
	48	6,71	—	3134	+1307	0,4138	0,6582	+0,2444	0,659
3. 2. 12	49	4,65	—	2634	+1331	0,2908	0,6500	+0,3592	
	50	4,65	—	2010	+ 704	0,4574	0,6474	+0,1900	
	51	4,65	—	1672	+ 389	0,5485	0,6536	+0,1051	
	52	4,65	—	1378	+ 178	0,6282	0,6762	+0,0480	
	53	4,65	—	980	+ 73	0,7356	0,7553	+0,0197	0,649

Zahlentafel 3 (Fortsetzung).

Zeit	Versuch Nr.	Druck p_1 at	Temperatur t_1 °C	Druckunterschied $p_1 - p_2$ mm	Druckunterschied $p_x - p_2$ mm	Druckverhältnis $\frac{p_2}{p_1}$	Druckverhältnis $\frac{p_x}{p_1}$	Verhältnis $\frac{\Delta p}{p_1}$	
	54	6,70	—	752	— 27	0,8592	0,8541	—0,0051	Meßloch Nr. 3
	55	6,68	—	1013	— 33	0,8096	0,8034	—0,0062	
	56	6,68	—	1217	— 36	0,7714	0,7646	—0,0068	
	57	6,70	—	1573	— 35	0,7054	0,7120	—0,0066	
	58	6,66	—	1779	— 38	0,6650	0,6578	—0,0072	
	59	6,68	—	1962	— 31	0,6318	0,6260	—0,0058	
	60	6,68	—	2075	+ 35	0,6102	0,6168	+0,0066	
	61	6,71	—	2312	+ 248	0,5680	0,6143	+0,0463	
	62	6,67	—	2569	+ 505	0,5168	0,6118	+0,0950	
	63	6,70	—	3404	+1337	0,3624	0,6128	+0,2504	0,6125
	64	4,66	—	590	— 18	0,8412	0,8460	—0,0048	
	65	4,65	—	1007	— 2	0,6222	0,6228	—0,0006	
	66	4,64	—	1532	+ 90	0,5858	0,6102	+0,0244	
	67	4,64	—	2370	+ 910	0,3590	0,6052	+0,2462	
	68	4,64	—	2801	+1339	0 2424	0,6046	+0,3622	0,605
	69	6,69	227,2	298	± 0	0,9441	0,9441	± 0	überhitzter Dampf.
	70	6,80	239,5	591	± 0	0,8909	0,8909	± 0	Mündung Nr. IV mit
	71	6,73	243,5	1015	— 5	0,8107	0,8098	—0,0009	0,892 qcm, zylindrische
	72	6,78	244,9	1230	— 10	0,7724	0,7706	—0,0018	Länge 7 mm,
	73	6,79	246,3	1465	— 10	0,7295	0,7277	—0,0018	Meßloch Nr. 3
	74	6,77	247,5	1702	± 0	0,6847	0,6857	± 0	
	75	6,72	248,1	1898	+ 15	0,6447	0,6485	+0,0028	
	76	6,76	250,3	2155	+ 55	0,6062	0,6164	+0,0102	
	77	6,73	250,6	2325	+ 172	0,5666	0,5987	+0,0321	
	78	6,73	250,7	2484	+ 320	0,5370	0,5966	+0,0596	
	79	6,71	251,2	2619	+ 460	0,5106	0,5966	+0,0860	
	80	6,70	251,6	2964	+ 820	0,4446	0,5982	+0,1536	
	81	6,70	251,6	3467	+1320	0,3506	0,5979	+0,2473	0,5975
	82	4,83	218,6	569	± 0	0,8522	0,8522	± 0	
	83	4,68	223,5	1045	+ 2	0,7198	0,7203	+0,0005	
	84	4,75	225,0	1465	+ 60	0,6130	0,6289	+0,0159	
	85	4,68	225,9	1918	+ 405	0,4860	0,5946	+0,1086	
	86	4,80	226,9	2326	+ 775	0,3920	0,5946	+0,2026	
	87	4,67	228,4	2704	+1195	0,2736	0,5946	+0,3210	0,5945
	88	6,82	263,6	390	— 3	0,9282	0,9277	—0,0005	Meßloch Nr. 1
	89	6,81	265,0	650	— 13	0,8802	0,8778	—0,0024	
	90	6,78	268,5	953	— 30	0,8236	0,8181	—0,0055	
	91	6,75	269,9	1126	— 50	0,7720	0,7627	—0,0093	
	92	6,71	270,3	1632	— 70	0,6949	0,5818	—0,0131	
	93	6,74	269,9	1862	— 90	0,6533	0,6365	—0,0168	
	94	6,76	269,0	2210	— 130	0,5897	0,5656	—0,0241	
	95	6,70	268,1	2324	— 134	0,5646	0,5395	—0,0251	
	96	6,72	265,5	2443	— 88	0,5440	0,5276	—0,0164	
	97	6,69	266,9	2564	+ 10	0,5193	0,5212	+0,0019	
	98	6,74	264,6	2664	+ 94	0,5038	0,5213	+0,0175	
	99	6,76	263,9	2900	+ 330	0,4618	0,5231	+0,0613	
	100	6,72	261,1	3510	+ 955	0,3446	0,5229	+0,1783	
	101	6,71	258,2	3741	+1193	0,3003	0,5234	+0,2231	0,523
	102	4,68	254,6	1470	— 46	0,6059	0,5936	—0,0123	
	103	4,68	255,1	1590	— 72	0,5739	0,5554	—0,0195	
	104	4,68	255,2	1850	+ 70	0,5042	0,5230	+0,0188	
	105	4,68	255,3	2206	+ 410	0,4088	0,5188	+0,1100	
	106	4,70	256,0	2689	+ 890	0,2832	0,5206	+0,2374	
	107	4,71	256,1	2991	+1185	0,2020	0,5181	+0,2361	0,520

Zahlentafel 3 (Schluß).

Zeit	Versuch Nr.	Druck p_1 at	Temperatur t_1 °C	Druckunterschied $p_1 - p_2$ mm	Druckunterschied $p_x - p_2$ mm	Druckverhältnis $\frac{p_2}{p_1}$	Druckverhältnis $\frac{p_x}{p_1}$	Verhältnis $\frac{\Delta p}{p_1}$	
5. 3. 12	108	6,71	—	510	— 10	0,9046	0,9027	—0,0019	gesättigter Dampf. Mündung Nr. IV mit 0,892 qcm, zylindrische Länge 3,5 mm (Mündung abgedreht) Meßloch Nr. 3
	109	6,65	—	954	— 15	0,8199	0,8171	—0,0028	
	110	6,66	—	1328	— 5	0,7499	0,7489	—0,0010	
	111	6,66	—	1578	+ 5	0,7037	0,7047	+0,0010	
	112	6,67	—	1822	+ 5	0,6571	0,6581	+0,0010	
	113	6,67	—	202	+ 10	0,6198	0,6217	+0,0019	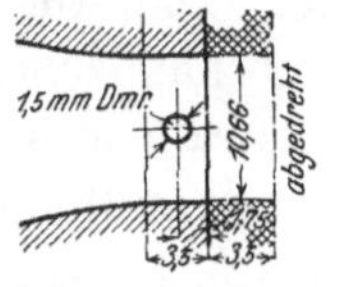
	114	6,67	—	212	+ 40	0,5998	0,6073	+0,0075	
	115	6,67	—	242	+ 198	0,5443	0,5816	+0,0373	
	116	6,66	—	262	+ 400	0,5049	0,5803	+0,0754	
	117	6,67	—	351	+1278	0,3390	0,5794	+0,2404	
									0,581
13. 4. 12	118	6,68	—	412	— 32	0,9226	0,9166	—0,0060	Mündung Nr. V mit 1,137 qcm, zylindrische Länge 21,0 mm Meßloch Nr. 1
	119	6,67	—	656	— 45	0,8767	0,8682	—0,0085	
	120	6,68	—	855	— 62	0,8394	0,8278	—0,0116	
	121	6,69	—	1068	— 75	0,7992	0,7851	—0,0141	
	122	6,68	—	1281	— 94	0,7592	0,7415	—0,0177	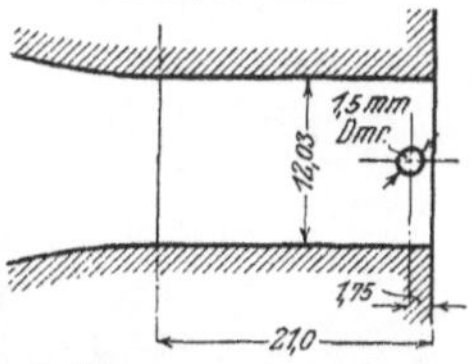
	123	6,69	—	1489	— 108	0,7208	0,7005	—0,0203	
	124	6,68	—	1773	— 135	0,6670	0,6416	—0,0254	
	125	6,68	—	2035	— 142	0,6178	0,5911	—0,0267	
	126	6,67	—	2217	— 117	0,5830	0,5610	—0,0220	
	127	6,67	—	2429	+ 10	0,5432	0,5451	+0,0019	
	128	6,67	—	2621	+ 202	0,5072	0,5452	+0,0380	
	129	6,68	—	3717	+1278	0,3023	0,5423	+0,2400	0,544
13. 4. 12	130	4,67	—	2875	+1160	0,2280	0,5395	+0,3115	0,5395
15. 4. 12	131	6,75	—	227	— 17	0,9578	0,9546	—0,0032	dieselbe Mündung Nr. V unverändert, Meßloch 2
	132	6,72	—	631	— 40	0,8822	0,8747	—0,0075	
	133	6,73	—	1095	— 54	0,7959	0,7858	—0,0101	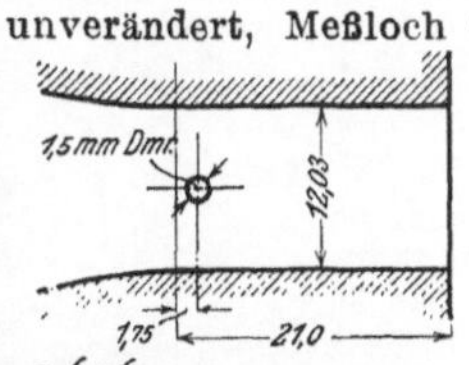
	134	6,71	—	1527	— 42	0,7144	0,7065	—0,0079	
	135	6,70	—	1716	— 35	0,6737	0,6671	—0,0066	
	136	6,69	—	1938	+ 30	0,6368	0,6424	+0,0056	
	137	6,70	—	2068	+ 110	0,6130	0,6342	+0,0212	
	138	6,70	—	2303	+ 310	0,5687	0,6267	+0,0580	
	139	6,72	—	3240	+1237	0,3950	0,6260	+0,2310	0,626
16. 4. 12	140	6,68	—	321,5	— 3	0,9396	0,9390	—0,0006	dieselbe Mündung Nr. V abgedreht, Meßloch Nr. 2
	141	6,67	—	809	+ 6	0,8478	0,8489	+0,0019	
	142	6,66	—	1265	+ 10	0,7617	0,7636	+0,0011	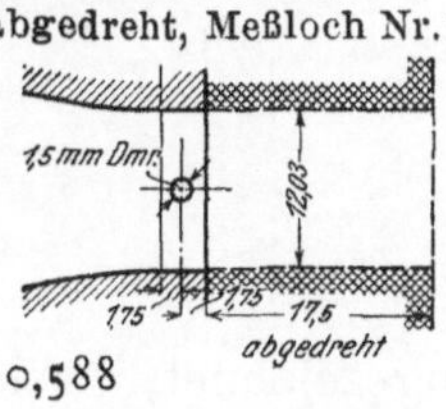
	143	6,68	—	1460	+ 18	0,7258	0,7392	+0,0034	
	144	6,67	—	1664	+ 28	0,6871	0,6924	+0,0053	
	145	6,66	—	1886	+ 43	0,6448	0,6529	+0,0081	
	146	6,66	—	2167	+ 100	0,5918	0,6106	+0,0188	
	147	6,65	—	2504	+ 330	0,5275	0,5898	+0,0623	
	148	6,66	—	3508	+1310	0,3390	0,5858	+0,2468	0,588

nommen wurde. Selbstverständlich wurde, um den Fehler möglichst zu verkleinern, vor jeder Ablesung der Beharrungszustand abgewartet.

Die Druckmessungen, bei denen von einer Bestimmung der Dampfaufnahme abgesehen worden war, sind in Zahlentafel 3 zusammengestellt. Die Versuche Nr. 1 bis 15 wurden mit gesättigtem Dampfe an der in Abb. 12 und 13 dargestellten Mündung Nr. IV durchgeführt, die, wie aus der in der Zahlentafel seitlich stehenden Skizze hervorgeht, mit einem nur 1,75 mm von der Austrittskante entfernten Meßloch von 1,5 mm Dmr. versehen war. Der Druck p_1 wurde dabei auf gleicher Höhe (∞ 6,70 at) gehalten; bei verschiedenen Druckunterschieden ($p_1 - p_2$) wurde dann der jeweilige Unterschied zwischen dem

Drucke an der Meßstelle p_x und dem Drucke nach der Mündung p_2 festgestellt. Die Zahlentafel enthält neben den Spalten für den Dampfzustand vor der Mündung (Druck und Temperatur) und für die Druckunterschiede noch solche für die Druckverhältniszahlen $\frac{p_2}{p_1}$ und $\frac{p_x}{p_1}$ und den Unterschied zwischen diesen beiden Werten $\frac{\Delta p}{p_1}$. Es geht aus diesen Versuchswerten hervor, daß sich bei kleineren Werten des Druckunterschiedes $(p_1 - p_2)$ an der Meßstelle statt des Druckes hinter der Mündung sogar ein Unterdruck gegenüber diesem Drucke ergab, während bei größeren Werten des Druckunterschiedes entsprechend der theoretischen Forderung ein stets gleicher Druck an der Meßstelle festgestellt wurde. Die Ausbildung eines Unterdruckes im Innern der Mündung ist vom hydrodynamischen Standpunkt aus als wohl möglich zu bezeichnen, da die im Dampfstrahl aufgespeicherte kinetische Energie mehr als hinreichend ist, um bei Rückverwandlung in potentielle Energie diesen Druckunterschied zu decken. Der kritische Wert des Druckverhältnisses $\frac{p_x}{p_1}$ ergab sich zu 0,539, also wesentlich kleiner als der theoretische Wert 0,577. In Abb. 20 ist eine Kurve

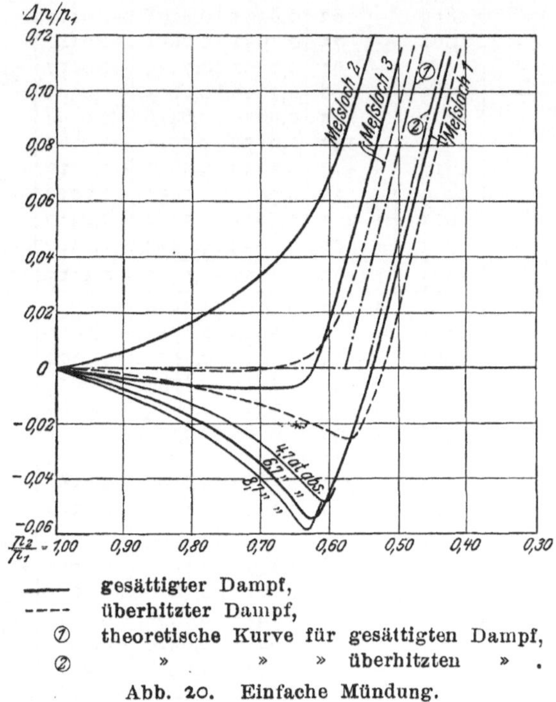

—— gesättigter Dampf,
---- überhitzter Dampf,
① theoretische Kurve für gesättigten Dampf,
② » » » überhitzten » .

Abb. 20. Einfache Mündung.

eingezeichnet, welche die beobachtete Abhängigkeit des Wertes $\frac{\Delta p}{p_1}$ von $\frac{p_2}{p_1}$ wiedergibt; ein Vergleich mit dem von der Theorie geforderten Linienzug läßt erkennen, daß die Abweichungen von der de St. Venant-Wantzelschen Annahme nicht unbeträchtlich sind. Die Versuche Nr. 16 bis 27 wurden mit einem höheren Dampfdrucke p_1 (∞ 8,7 at), die unter Nr. 28 bis 35 eingetragenen mit einem niedrigeren Drucke (∞ 4,6 at) ausgeführt. Die diesen beiden Pressungen entsprechenden, in die Abb. 20 ebenfalls eingezeichneten Kurven für $\frac{\Delta p}{p_1} = f\left(\frac{p_2}{p_1}\right)$ weichen ein wenig von der für 6,7 at erhaltenen ab, zeigen aber durchaus ähnlichen Verlauf. Bemerkenswert ist noch, daß der Druck p_1 einen allerdings nur geringen Einfluß auf den kritischen Wert des

Druckverhältnisses $\frac{p_x}{p_1}$ ausübt. Dieser Wert bestimmte sich bei 4,6 at zu 0,526 und bei 8,7 at zu 0,5425, während er bei 6,7 at, wie schon oben mitgeteilt, zu 0,539 ermittelt wurde. Die festgestellte Zunahme des kritischen Wertes von $\frac{p_x}{p_1}$ mit steigendem Anfangsdrucke steht sicher im Zusammenhange mit der von Bendemann durch Versuch festgestellten leichten Steigerung des Ausflußfaktors ψ_{max} mit abnehmendem Drucke (s. a. a. O. S. 23, Abb. 10). Meine Versuche lassen wenigstens teilweise diese Veränderlichkeit von ψ_{max} ebenfalls erkennen. Da der Druck p_1 dabei aber nur zwischen 4,7 und 8,7 at geändert werden konnte und der zu 0,5 vH geschätzte Genauigkeitsgrad der Versuche fast ebenso groß ist wie die nach Bendemann zu erwartende prozentuelle Zunahme von ψ_{max} (∞ 0,75 vH), so waren Unstimmigkeiten von vornherein zu erwarten (s. auch Bendemanns Bemerkungen). Bei höheren Werten von $\frac{p_2}{p_1}$ kann eine Abhängigkeit des Ausflußfaktors vom Drucke nicht mehr festgestellt werden (s. Zahlentafel 1). Die Versuche Nr. 36 bis 53 der Zahlentafel 3 wurden an derselben Mündung (Nr. IV) ausgeführt, wobei nur statt der Meßstelle 1 in der Nähe der Austrittkante ein im Innern der Mündung am Anfang des zylindrischen Teiles gelegenes Meßloch (s. Skizze in der Zahlentafel) benutzt wurde. Die mit dieser Meßstelle Nr. 2 erhaltene Kurve für $\frac{\Delta p}{p_1} = f\left(\frac{p_2}{p_1}\right)$ (s. Abb. 20) weist nur positive Ordinatenwerte auf; der Druck an dieser Meßstelle ist also bei allen Verhältnissen stets höher als derjenige hinter der Mündung. Der kritische Wert des Verhältnisses $\frac{p_x}{p_1}$ bestimmte sich für diese Meßstelle zu 0,659 bei 6,7 at und zu 0,649 bei 4,7 at. Das Meßloch Nr. 3, das an der sonst unveränderten Mündung Nr. IV zwischen den beiden ersten Meßlöchern in der Nähe der Meßstelle 2 gebohrt worden war, so daß es mit seinem ganzen Querschnitt im zylindrischen Mündungsgteile lag, lieferte die Versuchswerte Nr. 54 bis 68 und die Kurve in Abb. 20. Man sieht daraus, daß bei hohem Gegendrucke sich an dieser Meßstelle schon ein Unterdruck gegenüber dem Drucke nach der Mündung einstellte. Aus einem Vergleiche dieser Kurve mit der an der Meßstelle Nr. 1 erhaltenen geht ferner hervor, daß im zylindrischen Teile der Mündung bei jedem Gegendruck ein starker Druckabfall auftritt. Es ist dies ein Ergebnis, welches für unterkritischen Gegendruck mit der Theorie nicht übereinstimmt.

Weitere Versuche, die mit überhitztem Dampfe an der gleichen Mündung (IV) unter Benutzung der Meßstellen 1 und 3 durchgeführt wurden, lieferten die in der Zahlentafel mit Nr. 69 bis 107 bezeichneten Werte, die in Abb. 20 ebenfalls dargestellt wurden. Der Vergleich der mit derselben Meßstelle bei gesättigtem und bei überhitztem Dampf erhaltenen Kurven zeigt, daß bei Ueberhitzung zwar auch noch eine Abweichung von der de St. Venant-Wantzelschen Annahme besteht, daß aber das Maß dieser Abweichung beträchtlich geringer ist als bei gesättigtem Dampf. Um zu untersuchen, ob der zylindrische Ansatz einen Einfluß auf den sich einstellenden Mündungsdruck hat, ließ ich dann die Mündung so weit abdrehen, daß die neue Austrittskante nur mehr 1,75 mm von der Mitte des Meßloches Nr. 3 entfernt war. Die für das Meßloch Nr. 3 nunmehr erhaltene Kurve, Abb. 21, deckt sich nun keineswegs, wie erwartet werden sollte, mit der vorher für Meßstelle Nr. 1 gefundenen Linie. Der Unterschied in dem Verlauf der beiden Kurven beweist, daß der Mündungsdruck und der Druckverlauf innerhalb der Mündung von der Länge des zylindrischen Mündungsteiles abhängig sind. Dieser Versuch wurde an einer Mündung Nr. V wiederholt, bei deren Anfertigung vor allem darauf gesehen wurde, daß der zylindrische Teil an allen Stellen wirklich den gleichen Durchmesser aufwies. Die theoretische Betrachtung zeigt nämlich, daß schon eine sehr geringe Erweiterung im zylindrischen Teile genügen würde, um aus der einfachen Mündung

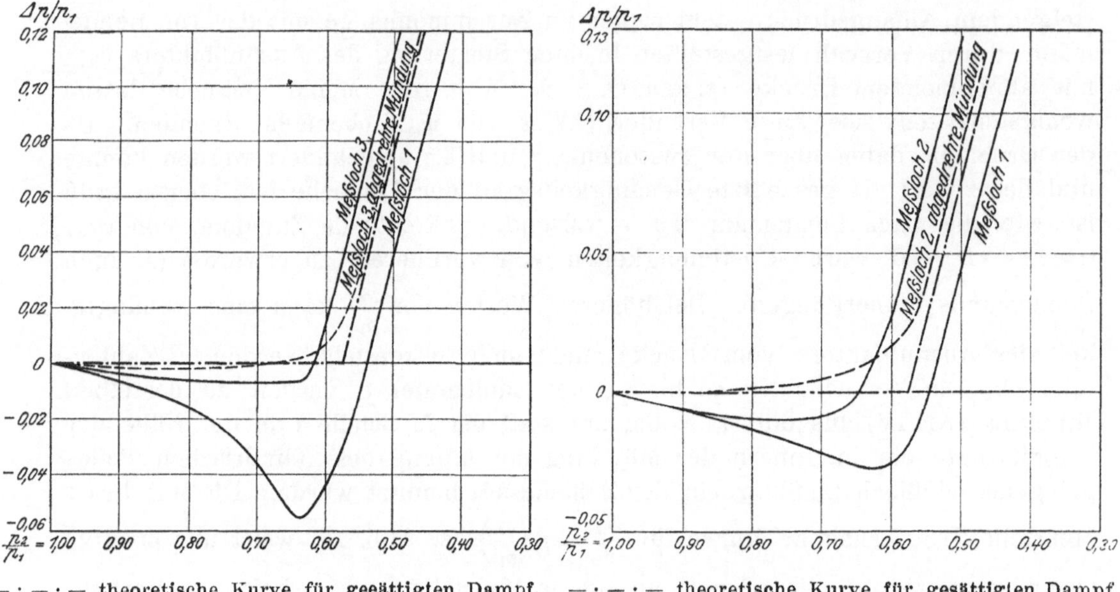

— · — · — theoretische Kurve für gesättigten Dampf.
Abb. 21. Einfache Mündung.

— · — · — theoretische Kurve für gesättigten Dampf.
Abb. 22. Einfache Mündung. Die Versuche wurden mit gesättigtem Dampf ausgeführt.

eine Lavaldüse zu machen. Die neue Mündung zeigte jedoch dasselbe Verhalten wie Mündung Nr. IV (s. Versuche Nr. 118 bis 148 und Abb. 22). Die Versuche ergaben ferner, daß bei der einfachen Mündung ohne zylindrischen Ansatz der stets gleiche Druck an der Austrittskante etwa 0,60 p_1 beträgt und damit etwas höher ist als der von der Theorie geforderte Wert 0,577 p_1.

Zahlentafel 4 enthält Druckmessungen, bei denen zugleich der Ausflußfaktor ψ bestimmt worden war. Es mag dabei bemerkt werden, daß die in dieser Tafel mitgeteilten Zahlenwerte insbesondere auch zur Kontrolle der früheren Messungen (s. Zahlentafel 1) und zu ihrer Ergänzung dienten, wobei ebenfalls eine gute Uebereinstimmung der einzelnen Werte festgestellt werden konnte. Die neue Tafel enthält gegenüber Zahlentafel 1 noch einige weitere Spalten, wovon die eine für die theoretische Ausflußgeschwindigkeit c_0 (berechnet für den Querschnitt der Meßstelle unter Annahme der Adiabate für den Druckverlauf), eine weitere für die gemessene bezw. unter der Annahme gleichen Zustandes an allen Stellen des Querschnittes berechnete wirkliche Geschwindigkeit c_1 $\left(\text{berechnet aus der Kontinuitätsformel } G = F\frac{c_1}{v}\right)$, eine für die sogenannte Geschwindigkeitszahl φ, das ist das Verhältnis $\frac{c_1}{c_0}$, und die letzte für die dem Dampfzustand im Meßquerschnitt entsprechende Schallgeschwindigkeit $a = \sqrt{g k p_2 v}$ benutzt wurde. (Bei der Berechnung von c_1 wurde für das Volumen des Dampfes im Meßquerschnitt der sich aus der Mollierschen Formel für den Endpunkt der adiabatischen Expansion ergebende Volumwert genommen, wodurch ein kleiner Fehler begangen wird, der aber auf die nachstehenden Ausführungen ohne Einfluß ist). Eine Betrachtung der in der vorletzten Spalte der Zahlentafel eingetragenen Zahlen liefert nun das überraschende Ergebnis, daß die berechneten Werte von φ bei gesättigtem Dampf und hohen Geschwindigkeiten

Zahlentafel 4.

Versuche mit der »einfachen Mündung«. Bestimmung des Mündungsdruckes und der Dampfaufnahme.

Zeit	Versuch Nr.	Druck p_1 at	Temperatur t_1 °C	Druckunterschied Δ p_1-p_2 mm	Druckunterschied Δ p_x-p_2 mm	Druckverhältnis $\frac{p_2}{p_1}$	Druckverhältnis $\frac{p_x}{p_1}$	Druckverhältnis $\frac{\Delta p}{p_1}$	Ausflußfaktor ψ gemessen	Ausflußfaktor ψ reduziert	c_1	c_0	φ	a
Mündung Nr. IV mit 10,66 mm Dmr. ($F = 0{,}892$ qcm), zylindrische Länge 7 mm, Meßloch Nr. 1.														
20. 1. 12	1	6,69	—	3357	+ 897	0,3705	0,5385	+0,1680	2,046	2,037	489,2	480,5	1,018	447,9
	2	6,69	—	2794	+ 320	0,4760	0,5365	+0,0605	2,044	2,035	490,6	482,5	1,017	447,5
	3	6,71	—	2583	+ 107	0,5172	0,5370	+0,0198	2,046	2,037	489,6	482,0	1,016	447,5
	4	6,72	—	2471	— 5	0,5385	0,5376	—0,0009	2,039	2,030	—	—	—	—
	5	6,61	—	2309	— 134	0,5685	0,5434	—0,0251	2,033	2,024	483,4	477,7	1,012	447,8
	6	6,70	—	1879	— 260	0,6478	0,4991	—0,0487	2,017	2,008	436,4	435,3	1,003	450,0
	7	6,71	—	1634	— 199	0,6945	0,6573	—0,0372	1,953	1,944	389,0	394,2	0,987	452,8
	8	6,70	—	1388	— 138	0,7402	0,7144	—0,0258	1,879	1,871	—	—	—	—
	9	6,70	—	1094	— 105	0,7952	0,7774	—0,0178	1,736	1,728	—	—	—	—
	10	6,70	—	888	— 92	0,8336	0,8182	—0,0154	1,607	1,599	265,8	275,2	0,966	458,4
	11	6,68	—	586,8	— 56	0,8898	0,8812	—0,0086	1,359	1,353	—	—	—	—
	12	6,69	—	306,9	— 28	0,9425	0,9372	—0,0053	1,012	1,007	—	—	—	—
	13	6,71	—	280,8	— 27	0,9475	0,9424	—0,0051	0,967	0,963	141,0	149,9	0,941	463,0
	14	4,64	—	1912	+ 154	0,4828	0,5245	+0,0417	2,066	2,058	499,5	481,0	1,038	442,2
	15	4,65	—	1117	— 101	0,6986	0,6713	—0,0273	1,952	1,945	—	—	—	—
	16	4,64	—	606,2	— 44	0,8360	0,8241	—0,0119	1,599	1,594	—	—	—	—
	17	4,65	—	2969	+1208	0,1990	0,5250	+0,3260	2,048	2,040	494,8	480,5	1,030	442,0
	18	6,73	263	3579	+1003	0,3330	0,5202	+0,1872	2,052	2,043	533,3	540,5	0,987	522,0
	19	6,68	264	1916	— 83	0,6402	0,6265	—0,0137	2,024	2,015	454,2	460,8	0,986	532,0
	20	6,70	258	1638	— 61	0,6934	0,6838	—0,0096	1,958	1,950	410,5	417,7	0,983	535,0
	21	6,71	257,5	900	— 23	0,8316	0,8273	—0,0043	1,616	1,609	290,3	299,5	0,969	546,5
	22	4,77	260	3033	+1193	0,2025	0,5165	+0,3140	2,052	2,044	—	—	—	—
Mündung Nr. IV, abgedreht, so daß der zylindrische Teil nunmehr 3 mm lang ist, Meßloch Nr. 3.														
5. 3. 12	23	6,67	—	3516	+1278	0,3390	0,5794	+0,2404	2,063	2,054	461,9	450,0	1,026	449,8
	24	6,67	—	2006	+ 10	0,6234	0,6253	+0,0019	2,028	2,019	—	—	—	—
Mündung Nr. V mit 12,025 mm Dmr. ($F = 1{,}137$ qcm), zylindrische Länge 21,0 mm, Meßloch Nr. 1.														
5. 3. 12	25	6,68	—	3717	+1278	0,3023	0,5423	+0,2400	2,038	2,029	—	—	—	—
Mündung Nr. V, abgedreht, so daß der zylindrische Teil nunmehr 3,5 mm lang ist, Meßloch Nr. 2.														
5. 3. 12	26	6,66	—	3508	+1310	0,3390	0,5858	+0,2468	2,069	2,060	—	—	—	—

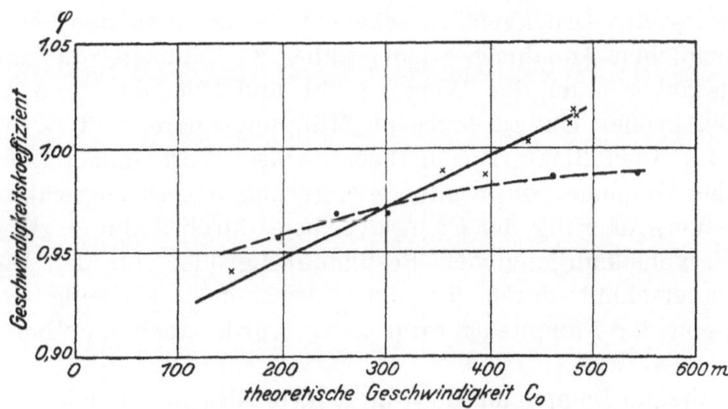

——— gesättigter Dampf, – – – – überhitzter Dampf.

Abb. 23. Einfache Mündung. Geschwindigkeitszahl.

größer als 1 sind, während sie bei überhitztem Dampfe durchweg unter 1 bleiben und so noch mögliche Werte darstellen. (s. Abb. 23, welche die auf Grund der Zahlentafel gezeichneten Kurven der Geschwindigkeitszahlen φ mit c_0 als Abszisse enthält.) Die für überkritische Druckgefälle aus der Rechnung erhaltenen Werte der Geschwindigkeit c_1 übersteigen außerdem bei beiden Dampfarten die dem gemessenen Dampfdruck und dem berechneten Dampfvolumen im Meßquerschnitt entsprechenden Werte der Schallgeschwindigkeit a (bei gesättigtem Dampf um etwa 10 bis 12 vH, bei überhitztem um etwa 2 vH).

Die Tatsache, daß sich für die Geschwindigkeitszahl φ bei gesättigtem Dampfe und größeren Druckgefällen aus der Auswertung der Versuchsergebnisse widersinnige Zahlen ergeben, kann nicht erklärt werden, so lange an den grundlegenden, bei Behandlung der Dampfausflußfrage bisher stets gebrauchten Annahme festgehalten wird, daß in jedem Querschnitte an allen Stellen derselbe Dampfzustand und dieselbe Dampfgeschwindigkeit vorhanden sind und daß für die Dampfteilchen während des Durchganges durch die Mündung die für gesättigten Dampf unter Benutzung der Dampftabellen und des Begriffes der spezifischen Dampfmenge x aufgestellten Zustandsgleichungen gültig sind. Eine Erklärung dieser Abweichung von der Theorie ist erst dann möglich, wenn diese grundlegenden Annahmen ganz oder teilweise aufgegeben werden. Eine bestimmte Angabe über die Ursache der Abweichung kann aber mit Hülfe des hier benutzten Meßverfahrens erst dann gemacht werden, wenn es einmal gelingen wird, außer dem Dampfdruck auch noch die Dampftemperatur, die spezifische Dampfmenge und das spezifische Dampfvolumen an den einzelnen Stellen des Mündungskanals zu bestimmen. Unter den gegebenen Verhältnissen dürfte aber die Messung dieser Größen auf fast unüberwindliche Schwierigkeiten stoßen. Hierzu ist noch zu bemerken, daß die beobachtete Abweichung des Mündungsdruckes vom kritischen Werte zur Erklärung der übergroßen Dampfaufnahme allein nicht ausreicht, wie man aus einer Bestimmung der Werte von $\frac{c}{v}$ längs der Adiabate ohne weiteres sieht. Der Wert dieses Quotienten $\frac{c}{v}$ und des Dampfgewichtes $G = F\frac{c}{v}$ würde die bei den kritischen Druckgefällen sich hierfür ergebenden Größen niemals übersteigen können, welche Druckabweichungen auch angenommen werden (s. Schröter und Prandtl, a. a. O. Abb. 56). Ob die oben berechnete, der üblichen Strömungstheorie ebenfalls widersprechende Ueberschreitung der Schallgeschwindigkeit im Mündungsaustrittsquerschnitt (beim gesättigten Dampfe um etwa 10 bis 12 vH) auch wirklich vorhanden ist, kann erst dann bestimmt behauptet werden, wenn der Verlauf der Dampfexpansion beim Durchgang durch die Mündung vollständig bekannt ist. Mit Verkleinerung des Druckgefälles scheinen die tatsächlichen Verhältnisse den bisher gebräuchlichen Annahmen wieder näher zu kommen, da dann die Geschwindigkeitszahl φ unter den Wert 1 sinkt und trotz des dann auftretenden, verhältnismäßig großen Unterdruckes im Mündungsquerschnitt (s. Abb. 20) die Abweichung des Ausflußfaktors vom theoretischen Wert immer geringer wird. Die allmähliche Abnahme von φ mit Verringerung des Druckgefälles kann aber auch auf eine Vergrößerung der Energieverluste durch Reibung zurückzuführen sein. Eine Vervollständigung der Bestimmungsgrößen für den Dampfzustand im Mündungsquerschnitt durch die oben erwähnten, vorläufig noch unmöglichen Messungen der Dampftemperatur usw. würde auch hierüber Aufklärung bringen.

Bei überhitztem Dampf, für den die Kurven des Ausflußfaktors ψ in ihrem ganzen Verlaufe unterhalb der theoretischen Kurve liegen und für den die φ-

Kurve nur Ordinatenwerte < 1 aufweist, für den sich also nur normale Verhältnisse gefunden haben, liegt vorläufig noch kein genügender Grund vor, eine Abweichung von der Theorie anzunehmen und von den bisher üblichen Voraussetzungen abzugehen. Bei den vielen gemeinsamen Eigenschaften der beiden Dampfarten ist es jedoch nicht unwahrscheinlich, daß der überhitzte Dampf sich beim Ausfluss ähnlich verhält wie der gesättigte. Der Umstand, daß auch beim überhitzten Dampf die rechnerisch ermittelte Geschwindigkeit c_1 den Wert der Schallgeschwindigkeit überschreitet, spricht wohl ebenfalls dafür. Ein Aufschluß darüber, ob auch beim überhitzten Dampfe sich eine Aenderung der Annahmen als notwendig erweist, kann vermutlich aus einem Vergleiche der Versuchsergebnisse für überhitzten Dampf und solcher für atmosphärische Luft oder ein anderes Gas gewonnen werden, da derartige Unregelmäßigkeiten wohl nur den Dämpfen mit ihrer starken Neigung zu Aggregatzuständsänderungen eigen sein werden. Vielleicht bringt ein solcher Vergleich auch darüber Aufklärung, worauf das stets beobachtete Zusammenfallen der φ-Kurven für beide Dampfarten zurückzuführen ist (s. a. den Erklärungsversuch Adams für die beim Ausfluß von heißem Wasser auftretenden Unregelmäßigkeiten, Mitt. üb. Forschgsarb. Heft 35/36, S. 33 bis 35 und Z. d. V. d. I. 1906 S. 1143).[1]

Die beiden φ-Kurven der Abb. 23 gestatten, wie nach den vorstehenden Ausführungen als selbstverständlich erscheinen wird, noch keinen Schluß auf die absoluten Größen der beim Durchfluß auftretenden Energieverluste, so lange die Erscheinung der Abweichung von der Theorie noch nicht weiter geklärt ist; aus ihnen kann lediglich nur die eine Folgerung gezogen werden, daß möglicherweise der Wirkungsgrad der einfachen Mündung mit znnehmender Geschwindigkeit steigt. Es stimmt dies mit den von Christlein veröffentlichten Versuchsergebnissen (s. die eingangs erwähnten Arbeiten) überein, während ein weiterer wesentlicher Teil seiner Feststellungen durch meine Versuche nicht bestätigt wird.

Christlein gibt für die aus einer Lavaldüse durch Abdrehen bis zum engsten Querschnitt angefertigte einfache Mündung, bezeichnet mit Düse *Ic*, in Zahlentafel 6 und Abb. 27 an, daß mit diesem Versuchskörper Austrittsgeschwindigkeiten bis zu 800 m erreicht wurden, während bei meinen Versuchen (s. die in

---

[1] Nach Abschluß dieser Arbeit sind zwei weitere Aufsätze erschienen, die sich ebenfalls mit der eben behandelten Frage beschäftigen. In der Nummer vom 10. Januar 1913 des »Engineering« wird in einem nicht gezeichneten Artikel mit der Ueberschrift: »Some suggested errors in nozzle experiments« darauf hingewiesen, daß beim Ausfluß des gesättigten Dampfes größere Durchflußmengen als die theoretisch möglichen beobachtet werden. Der Verfasser des Artikels untersucht dann der Reihe nach verschiedene Erscheinungen, die zur Erklärung dieser Abweichung von der Theorie benutzt werden könnten, und gelangt zu dem Schlusse, daß sie vielleicht durch eine »Kondensationsverzögerung«, im zitierten Aufsatze: »Unterkühlung« genannt, bewirkt sein könnte. Ich hatte dagegen in meinem Vorbericht (Z. d. V. d. I. 1913 S. 60) eine »Ueberkondensation« angenommen, mußte mich aber nachträglich davon überzeugen, daß eine »Ueberkondensation« nur dann zur Erklärung benutzt werden kann, wenn man sie als Folge einer Zustandsänderung auffaßt, die ähnlich ist der von Lorenz beschriebenen Pseudoadiabate (s. Techn. Wärmelehre 1904 S. 223 u. f.). In der letzten Zeit hat nun Stodola eine sehr interessante Arbeit, betitelt »Die Unterkühlung beim Ausflusse gesättigten Dampfes«, veröffentlicht (s. Schweizerische Bauzeitung 1913, 26. April, S. 229). Er berichtet in dieser Arbeit über Belichtungsversuche, die er zur Lösung dieser Frage ausgeführt hat, und schließt aus dem Versuchsbefund, wonach der Dampfstrahl bis zum engsten Querschnitt fast unsichtbar bleibt, daß der Dampf tatsächlich eine »Kondensationsverzögerung« erleidet. Nach Stodola erklärt sich deshalb die beim gesättigten Dampfe beobachtete Abweichung des Ausflußgewichtes von theoretischem Werte dadurch, daß die adiabatische Expansion beim Ausflusse des gesättigten Dampfes nicht durch $pv^{1,135} =$ konst, sondern ebenso wie beim überhitzten Dampf durch $pv^{1,3} =$ konst darzustellen ist.

Zahlentafel 4 aufgeführten Zahlen) nur Geschwindigkeiten ermittelt wurden, die in der Nähe der Schallgeschwindigkeit liegen. (Die rechnerische Auswertung meiner Versuchsergebnisse ergab eine Ueberschreitung der Schallgeschwindigkeit um etwa 12 vH im Höchstfall und eine Höchstgeschwindigkeit von etwa 533 m.) Die ebenfalls in Zahlentafel 4 mitgeteilten Mündungsdruckmessungen zeigen augenfällig die Ursache für diese Begrenzung der innerhalb der Mündung auftretenden Dampfgeschwindigkeit und beweisen, daß viel höhere Austrittsgeschwindigkeiten als die Schallgeschwindigkeit (bezw. rd. 533 m) mit der einfachen Mündung unmöglich erzielt werden können. Christlein benutzte zu seinen Untersuchungen die Reaktionsdruckmessung[1]), welche aber unrichtige Werte liefert, sobald der Mündungsdruck vom Gegendruck abweicht (s. a. die Zuschrift Eisners zur Christleinschen Arbeit, Z. f. d. T. 1912 S. 138 und den Aufsatz: The steam turbine, Engineering 1. Dezember 1912). Der vom Meßapparate angezeigte gesamte Rückdruck setzt sich dann zusammen aus dem der mittleren Geschwindigkeit im Austrittsquerschnitt entsprechenden Reaktionsdruck und aus der von dem Drucke auf die Gefäßwandungen herrührenden Restkraft. Es mag nun dagegen eingewendet werden, daß es ja nicht auf die Geschwindigkeit im Austrittsquerschnitt, sondern auf die Höchstgeschwindigkeit ankommt, die im Strahl nach dem Austritt aus der Mündung auftritt. Dieser Einwand beruht also auf der Annahme, daß die im Austrittsquerschnitt vorhandene überschüssige Druckenergie bei der im freien Raume erfolgenden weiteren Expansion noch eine Steigerung der Dampfgeschwindigkeit herbeiführt. Nach den Untersuchungen von Lewicki, der den vom Dampfstrahl auf eine Stoßplatte ausgeübten Druck in verschiedenen Entfernungen von der Austrittskante ermittelte und einen Größtwert dieses Druckes in einer Entfernung von etwa 110 mm bei der von ihm untersuchten konvergenten Düse fand — es wurden dabei tatsächlich Dampfgeschwindigkeiten bis zu 800 m beobachtet —, und nach dem Ergebnis einer von Prandtl veröffentlichten theoretischen Abhandlung ist diese Annahme berechtigt (s. Lewicki: »Die Anwendung hoher Ueberhitzung usw.«, Mitt. über Forschungsarb., Heft 12 S. 32 Vers. 1 bis 21 und Prandtl: Phys. Z. 1904, S. 599 und Schröter-Prandtl, S. 314 bis 315). Die Reaktionsdruckmessung bleibt aber trotzdem, wie Eisner in der oben erwähnten Zuschrift schon gezeigt hat, für die Bestimmung der Geschwindigkeit bei hohen Druckgefällen unverwendbar. Ein bei allen Druckgefällen brauchbares Verfahren ist dagegen die Stoßdruckmessung[2]), die von Lewicki, Rateau und anderen bei ihren Untersuchungen mit Vorteil benutzt wurde; diese hat aber den Nachteil, daß der mit ihr ermittelte Geschwindigkeitswert infolge der Reibung des Dampfstrahles auf dem Wege vom Austrittsquerschnitt bis zur Stoßplatte nicht ganz der gesuchten Geschwindigkeit entspricht. — Ob bei der oben betrachteten Expansion im freien Raum die Energieumsetzung in dem auf allen Seiten freien Strahl mit einem angemessenen Wirkungsgrade erfolgt, darf wohl bezweifelt werden, da durch die Mischung mit den den Strahl umgebenden, vorher in Ruhe befindlichen Dampfteilchen nicht unbeträchtliche Verluste bedingt sein werden. Der erzielte Wirkungsgrad wird wahrscheinlich höher sein, wenn man den Strahl vor der Berührung mit diesen Dampfteilchen schützt und die Restexpansion wie bis jetzt im prak-

---

[1]) Bei der Reaktionsdruckmessung wird die Austrittgeschwindigkeit des Dampfstrahles aus einer Mündung durch Wägung des vom Dampfstrahl auf die Mündung ausgeübten Rückdruckes bestimmt.

[2]) Bei der Stoßdruckmessung wird die Geschwindigkeit des Dampfstrahles durch Wägung des Stoßdruckes ermittelt, der vom Dampfstrahle auf eine außerhalb der Mündung angeordnete Platte ausgeübt wird.

tischen Dampfturbinenbau in einem dem Laufrade ähnlichen, geschlossenen Kanale, der mit möglichst wenig Spiel an die Mündung anschließt, sich vollziehen läßt.

Die Zahlentafel 4 läßt noch eine beachtenswerte Erscheinung erkennen. Vergleicht man Versuch Nr. 1 mit Nr. 23 und Nr. 25 mit Nr. 26, so sieht man, daß eine Verkürzung des zylindrischen Teiles eine Vergrößerung des Ausfluß-

Zahlentafel 5.

Versuche mit der »einfachen Mündung«. Druckmessungen.

Zeit	Versuch Nr.	Druck p_1 at	Temperatur t_1 °C	Druckunterschied $p_1 - p_2$ mm	Druckunterschied $p_x - p_2$ mm	Druckverhältnis $\frac{p_2}{p_1}$	Druckverhältnis $\frac{p_x}{p_1}$	Verhältnis $\frac{\Delta p}{p_1}$	
24. 7. 12	1	6,69	—	565	— 40	0,8940	0,8865	—0,0075	gesättigter Dampf. Mündung Nr. VI mit $F = 0{,}798$ qcm, zylindrische Länge 57 mm, Meßloch Nr. 1
	2	6,71	—	944	— 44	0,8236	0,8154	—0,0082	
	3	6,71	—	1184	— 54	0,7786	0,7685	—0,0101	
	4	6,69	—	1480	— 67	0,7224	0,7098	—0,0126	
	5	6,71	—	1791	— 78	0,6651	0,6505	—0,0146	
	6	6,71	—	2083	— 120	0,6104	0,5880	—0,0224	
	7	6,70	—	2312	— 151	0,5668	0,5386	—0,0282	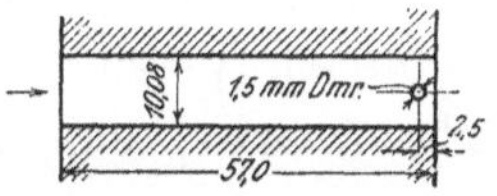
	8	6,67	—	2551	— 65	0,5200	0,5078	—0,0122	
	9	6,71	—	2890	+ 182	0,4595	0,4935	+0,0340	
	10	6,70	—	3255	+ 533	0,3904	0,4902	+0,0998	
	11	6,70	—	3471	+ 740	0,3500	0,4887	+0,1387	
	12	6,70	—	3845	+1078	0,2800	0,4820	+0,2020	∾ 0,482
25. 7. 12	13	6,68	—	451	— 29	0,9154	0,9100	—0,0054	dieselbe Mündung Meßloch Nr. 2
	14	6,76	—	721	— 42	0,8663	0,8585	—0,0078	
	15	6,67	—	1038	— 52	0,8048	0,7950	—0,0098	
	16	6,72	—	1433	— 64	0,7326	0,7207	—0,0119	
	17	6,71	—	1731	— 60	0,6763	0,6651	—0,0112	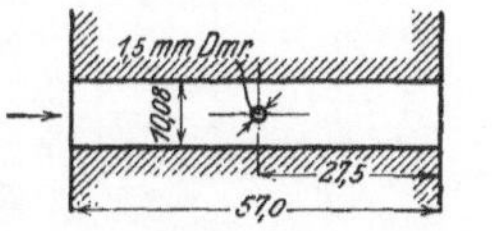
	18	6,70	—	1933	— 58	0,6382	0,6273	—0,0109	
	19	6,69	—	2142	— 25	0,5981	0,5934	—0,0047	
	20	6,67	—	2368	+ 102	0,5550	0,5742	+0,0192	
	21	6,68	—	2700	+ 420	0,4935	0,5723	+0,0788	
	22	6,68	—	3006	+ 720	0,4358	0,5710	+0,1352	
	23	6,70	—	3500	+1199	0,3448	0,5694	+0,2246	∾ 0,569
26. 7. 12	24	6,68	—	524	— 28	0,9016	0,8963	—0,0053	Mündung Nr. VI (abgerundet am Eintritt) mit $F = 0{,}798$ qcm Meßloch Nr. 2
	25	6,71	—	740	— 38	0,8616	0,8545	—0,0071	
	26	6,70	—	925	— 46	0,8267	0,8181	—0,0086	
	27	6,68	—	1297	— 46	0,7563	0,7477	—0,0086	
	28	6,68	—	1514	— 38	0,7158	0,7087	—0,0071	
	29	6,69	—	1694	— 22	0,6822	0,6781	—0,0041	
	30	6,67	—	1873	+ 26	0,6478	0,6527	+0,0049	
	31	6,68	—	2077	+ 188	0,6100	0,6453	+0,0353	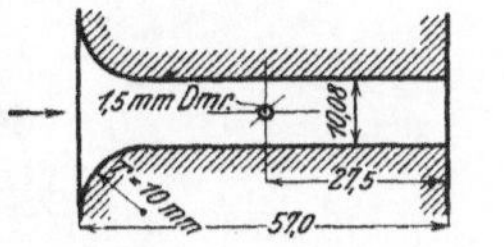
	32	6,69	—	2288	+ 392	0,5711	0,6446	+0,0735	
	33	6,68	—	2477	+ 577	0,5351	0,6435	+0,1084	
	34	6,68	—	2874	+ 966	0,4604	0,6417	+0,1813	
	35	6,70	—	3263	+1353	0,3890	0,6404	+0,2534	0,640
26. 7. 12	36	6,69	—	563	— 80	0,8944	0,8794	—0,0150	dieselbe Mündung (abgerundet) Meßloch Nr. 1
	37	6,72	—	910	— 107	0,8301	0,8101	—0,0200	
	38	6,69	—	1295	— 134	0,7572	0,7321	—0,0251	
	39	6,66	—	1523	— 168	0,7132	0,6816	—0,0216	
	40	6,68	—	1792	— 247	0,6632	0,6168	—0,0464	
	41	6,68	—	2071	— 260	0,6108	0,5619	—0,0489	
	42	6,67	—	2259	— 185	0,5754	0,5446	—0,0348	
	43	6,67	—	2447	± 0	0,5401	0,5401	±0,0000	
	44	6,67	—	8658	+ 213	0,5004	0,5404	+0,0400	
	45	6,64	—	2852	+ 400	0,4610	0,5366	+0,0756	
	46	6,61	—	3072	+ 651	0,4170	0,5406	+0,1236	
	47	6,67	—	3444	+ 985	0,3525	0,5378	+0,1853	
	48	6,67	—	3819	+1329	0,2820	0,5320	+0,2500	0,532

faktors ψ und auch eine solche der Geschwindigkeitszahl φ herbeiführt (bei vollständiger Entfernung des zylindrischen Ansatzes wird hiernach ψ'_{max} auf etwa 2,06 bis 2,07 steigen). Zu demselben Ergebnis gelangte auch Zeuner bei einer Diskussion von Versuchen Napiers (s. Zeuner, Thermodynamik, 2. Bd. 1901 S. 178 bis 179); er erklärt diese Zunahme der Dampfaufnahme damit, daß mit der Verkürzung der Mündung auch der Reibungsverlust verringert wird, welche Erklärung zweifellos sehr viel für sich hat. Versuch Nr. 24 zeigt, daß diese Zunahme des Ausflußfaktors bei kleineren Druckgefällen verschwindend gering ist.

Zum Schlusse führte ich dann noch Versuche an einer neuen Mündung Nr. VI durch, die anfänglich nur mit einem rein zylindrischen Loche versehen war — s. die Skizzen in Zahlentafel 5 — und an der erst für die zweite Reihe der Versuche eine Abrundung von 10 mm Halbmesser an der Eintrittkante angebracht wurde. Die damit angestellten Versuche sollten Aufklärung darüber bringen, inwieweit eine beim Eintritt in die Mündung auftretende Strahleinschnürung eine Aenderung des Verhaltens der normalen einfachen Mündung und insbesondere eine Vergrößerung des innerhalb der Mündung ausgenutzten Druckgefälles herbeiführt. Die mit 2 Meßstellen (Nr. 1 und Nr. 2) — die eine in der Nähe der Austrittkante, die andere in der Mitte des Mündungskanales — gewonnenen Versuchzahlen sind in Zahlentafel 5 zusammengestellt. Aus diesen Zahlen, wie auch aus der Darstellung in Abb. 24, geht hervor, daß die Ein-

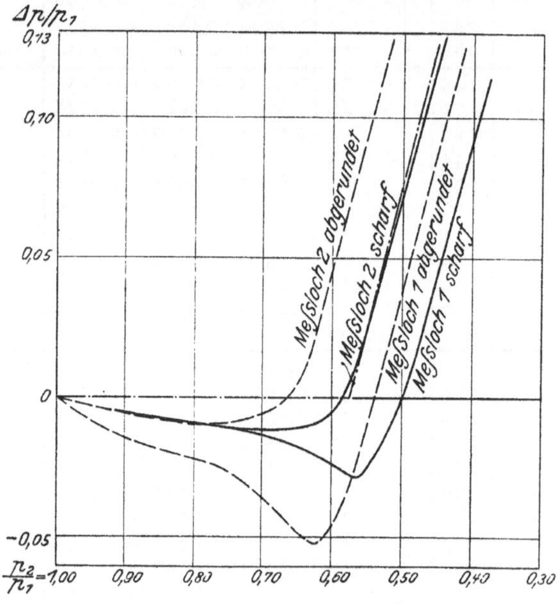

—·—·— theoretische Kurve für gesättigten Dampf.

Abb. 24. Einfache Mündung. Die Versuche wurden mit gesättigtem Dampf ausgeführt.

schnürung, die bei der Mündung ohne Abrundung natürlich ungleich stärker war als bei der etwas abgerundeten Mündung, den Arbeitsdruckbereich der Mündung wesentlich erhöht. Der unveränderliche Wert des Mündungsdruckes ergab sich bei der »scharfkantigen Mündung« zu 0,482 p_1, während er nach Anbringung der Abrundung zu 0,532 p_1 ermittelt wurde.

Die Gegenüberstellung der vor und nach der Abrundung gewonnenen Versuchzahlen und der damit berechneten Werte für die Geschwindigkeiten und der Geschwindigkeitszahlen in Zahlentafel 6 beweist, daß die Einschnürung mit großen Verlusten verbunden ist, was ja eigentlich von vornherein erwartet

Zahlentafel 6.

		p_1	t_1	p_1-p_2 mm	p_x-p_2 mm	$\frac{p_2}{p_1}$	$\frac{p_x}{p_1}$	c_1	c_0	φ	a	ψ reduz.
scharfkantige Mündung	Meßstelle Nr. 1	6.70	—	3845	+1078	0,2800	0,4820	454,3	517,0	0,879	447,0	1,704
desgl.	Meßstelle Nr. 2	6,70	—	3500	+1199	0,3448	0,5694	393,6	454,2	0,867	452,0	1,704
abgerundete Mündung	Meßstelle Nr. 1	6,67	—	3819	+1329	0,2820	0,5320	479,6	480,4	0,998	446,6	1,974
desgl.	Meßstelle Nr. 2	6,67	—	3263	+1354	0,3895	0,6406	407,0	406,9	1,000	452,0	1,974

werden konnte. Für die scharfkantige Mündung bestimmte sich die Geschwindigkeitszahl für die Strecke vom Eintritt bis zur Meßstelle Nr. 1 zu ∞ 0,88; nach erfolgter Abrundung stieg diese Zahl auf rd. 1,00. Annähernd im gleichen Verhältnis nahm auch die Dampfaufnahme der Mündung zu; ψ_{max} wuchs von 1,704 auf 1,974. Bemerkenswert ist noch, daß bei der scharfkantigen Mündung infolge des Einflusses des geringeren Wirkungsgrades trotz des größeren Druckgefälles die Schallgeschwindigkeit innerhalb der Mündung viel weniger überschritten wird als bei der abgerundeten Mündung.

Bei Berechnung der in der Zahlentafel aufgeführten Geschwindigkeitswerte wurde auch hier angenommen, daß die Querschnitte an den beiden Meßstellen 1 und 2 voll ausgefüllt sind. Der zwischen den beiden Meßstellen stets beobachtete Druckabfall und die für diese Meßstellen erhaltenen Druckkurven, s. Abb. 24, sind zwingende Beweise dafür, daß diese Annahme auch der Wirklichkeit entspricht.

II. Ausfluß aus Zölly-Mündungen.

Bis vor kurzer Zeit hatte man allgemein angenommen, daß die Zölly-Mündungen, d. h. die bei den Zölly-Turbinen verwendeten Mündungen mit gekrümmter Kanalachse, parallelen Wänden an der Austrittseite und Schrägabschnitt sich genau so verhalten würden, wie die vorher betrachteten einfachen Mündungen mit gerader Kanalachse. Es sollten also für die Zölly-Mündungen die oben abgeleiteten theoretischen Folgerungen ebenfalls Gültigkeit haben; vor allem sollte der Dampf im Endquerschnitte des prismatischen Kanalteiles bei unterkritischen Druckgefällen den nach der Mündung herrschenden Druck annehmen, während sich bei größeren Druckgefällen in diesem Querschnitte der kritische Druck $p_k = \left(\frac{2}{n+1}\right)^{\frac{1}{n-1}} p_1$ einstellen sollte. In der Praxis war zwar im Gegensatze zu obiger Annahme vielfach die Anschauung vertreten, daß der Dampf im Schrägabschnitt noch weiter expandiere, soweit dies durch die Vergrößerung des freien Querschnittes durch das Wegfallen der Trennwände möglich sein würde. Man glaubte, diesen Umstand wenigstens bei kleineren Druckgefällen berücksichtigen zu müssen, während man bei überkritischen Gefällen davon Abstand nahm, da man es für ganz unwahrscheinlich hielt, daß im seitlich teilweise offenen Schrägabschnitt noch eine Ueberschreitung der kritischen oder Schallgeschwindigkeit möglich sein würde. Auf Grund von Versuchen an einer Ueberdruckturbine mit unterkritischen Druckgefällen kam jedoch Stodola zu dem Ergebnis, daß bei den kleineren Gefällen eine Weiterexpansion des Dampfstrahles im Schrägabschnitt nicht festgestellt werden konnte (s. Stodola, »Die neue hydraulische Regelung der Sulzer-Dampfturbine, Z. d. V. d. I. 1911 S. 1850).

Christlein vertritt nun in seinen Arbeiten Annahmen, die von den vorstehend wiedergegebenen teilweise sehr stark abweichen. Er erklärte die vielfach überraschenden Ergebnisse seiner Versuche mit großen Druckgefällen an Leiträdern — er fand auch hier wie bei seinen Versuchen mit der einfachen Mündung Dampfaustrittsgeschwindigkeiten von 800 m und darüber — durch eine im Innern des Leitradkanals auftretende Strahlablösung und durch eine Spaltexpansion. Bei Strahlablösung, die sich natürlich auch bei einem Teile der unterkritischen Druckgefälle zeigen müßte, würde bei kleineren Gefällen notwendig der Druck an dem Orte der Ablösung unter demjenigen im Endquerschnitt des prismatischen Kanalteiles liegen müssen, während bei größeren Druckgefällen eine allmähliche Druckabnahme längs des Kanals wohl denkbar wäre. Die Strahlablösung würde also bei der Leitradmündung eine Saugwirkung von derselben Art zur Folge haben, wie sie bei der Laval-Mündung gefunden wurde. Wie Dr. Christlein die Spaltexpansion verstanden haben will, ob zum Spalt auch noch der Schrägabschnitt gehört oder nicht, läßt sich aus seinen Arbeiten nicht ersehen. Da nach den Versuchen Christleins die Möglichkeit besteht, auch mit der Leitradmündung überkritische Geschwindigkeiten zu erzielen, und diesem Umstand bei der weit größeren Anpassungsfähigkeit dieser Mündungen gegenüber den Laval-Düsen eine große Bedeutung für den praktischen Dampfturbinenbau beigemessen werden muß, so erschien es mir als eine dankbare Aufgabe, bei der Leitradmündung außer der Dampfaufnahme und dem Druckverlauf im geschlossenen Kanalteil auch noch die Expansion im Schrägabschnitt und im eigentlichen Spalt — ich verstehe darunter den Ringraum zwischen dem Leitradkörper und dem Laufrade — zu untersuchen, um so die Versuchsergebnisse Christleins nachzuprüfen und die wissenschaftlichen Unterlagen für die Verwertung dieser Ergebnisse zu ergänzen.

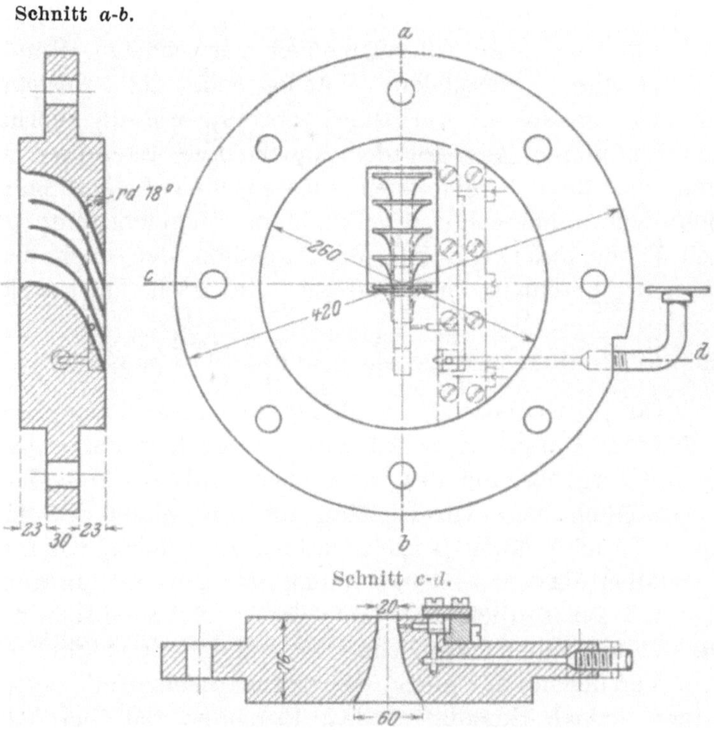

Abb. 25 bis 27. Untersuchte Zölly-Mündung, Modell I.

Ich benutzte zu diesen Versuchen die schon früher beschriebene und für die Untersuchung der einfachen Mündung verwendete Einrichtung, Abb. 14 und 15, wobei nur anstelle des Drosselflansches mit der einfachen Mündung selbstverständlich ein solcher mit Leitradkanälen eingebaut wurde. Es wurden im ganzen zwei solche Versuchskörper geprüft, die in der weiteren Darstellung mit Modell 1 und Modell 2 bezeichnet sein werden. Die beiden Modelle zeigten nur geringe Unterschiede. Während bei Modell 2 darauf gesehen worden war, daß die Querschnittverminderung längs der Kanalachse wie bei den früher untersuchten einfachen Mündungen möglichst allmählich erfolgte, war bei Modell 1 der Mündungskanal in einer im Zölly-Turbinenbau öfters angewendeten Form ausgebildet. Wie aus dem Schnitt *c—d* der Abb. 25 bis 27 ersichtlich ist, war dem prismatischen Kanalteil eine mäßig starke »plötzliche Einschnürung« vorgeschaltet, wodurch natürlich eine Unregelmäßigkeit im Verlauf der Querschnittabnahme bedingt war. In der äußeren Ausführung unterschieden sich die

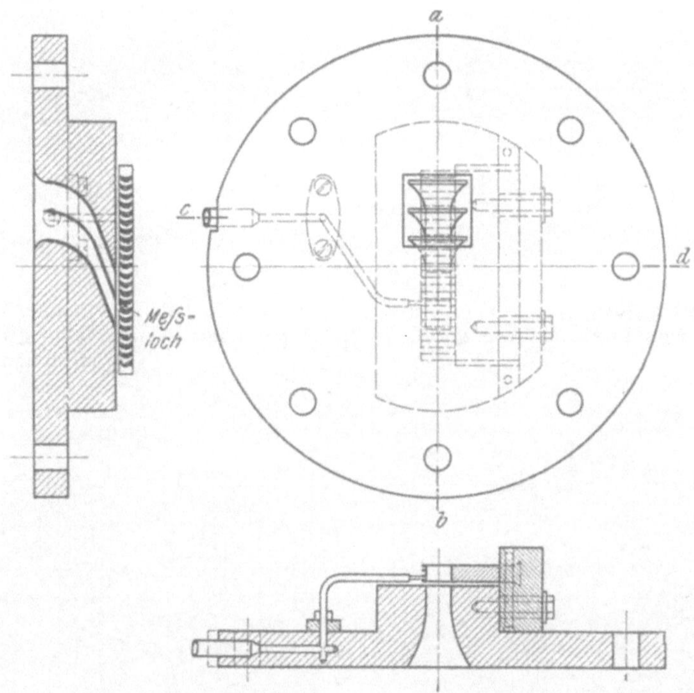

Abb. 28 bis 30. Untersuchte Zölly-Mündung mit Laufradkranz, Modell 2.

beiden Modelle insofern, als bei Modell 2 die Zahl der Kanäle von 4 auf 2 ermäßigt war und statt der einen seitlichen ebenen Fläche nunmehr zwei solcher Flächen angebracht waren, um neben der Durchführung der Druckmessung auch noch die Anbringung eines dem Leitrade vorgeschalteten Laufrades zu ermöglichen. Aus den Abb. 25 bis 34 dürften die Ausführungen der beiden Modelle, die Formen der Leitradkanäle, die Verbindungskanäle der Druckmeßstellen an den Kanalwänden mit dem Anschlußrohr des Differentialmanometers und die Anbringung des Laufschaufelkörpers klar ersichtlich sein, so daß eine eingehendere Besprechung wohl entbehrt werden kann. Im Verlaufe der Versuche wurde noch eine Abänderung der Versucheinrichtung vorgenommen; vor Durchführung der Versuche an Modell 2 wurde statt des Gefäßes *a*, s. Abb. 15, das zu allen Versuchen an Modell 1 benutzt worden war, ein weit größeres Gefäß *b*, Abb. 17, eingeschaltet, um zu prüfen, ob die im kleinen Gefäß erfolgte Dampfanstauung nicht einen Einfluß auf die Expansion im Schrägabschnitt des Leitradkanales ausübte. Die Versuche zeigten jedoch, daß der Druckverlauf im Schrägabschnitt trotz Auswechselung des Gefäßes unverändert blieb. Um einen neuerlichen Umbau zu vermeiden, wurde das Gefäß *b* für die weiteren Versuche belassen.

Wie bei der einfachen Mündung wurden auch hier zwei Arten von Versuchen ausgeführt. Der größere Teil der Versuche diente vor allem dazu, durch

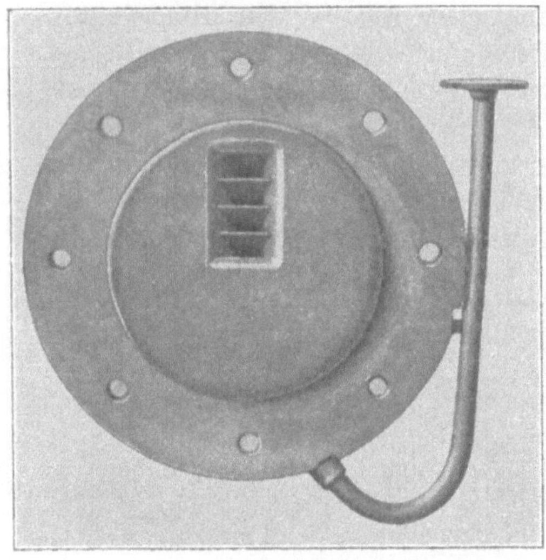

Abb. 31.
Leitradmündung Modell I (Ansicht von vorn).

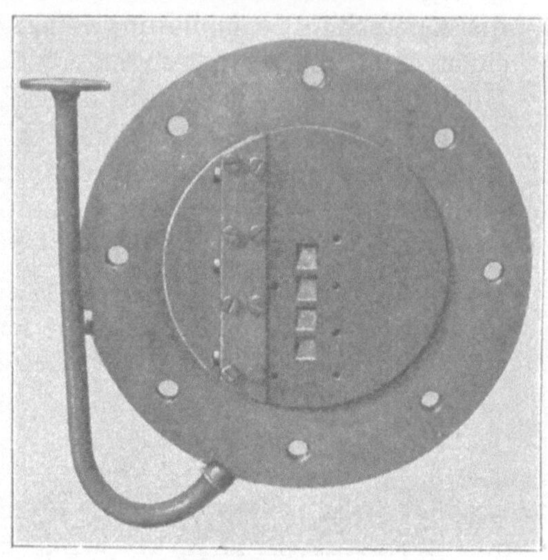

Abb. 32. Leitradmündung Modell I (Ansicht von hinten) mit der Einrichtung zur Druckmessung im Leitradkanal.

Abb. 33. Leitradmündung Modell I mit vorgeschaltetem Laufradkranz und der Einrichtung zur Druckmessung im Leitradkanal.

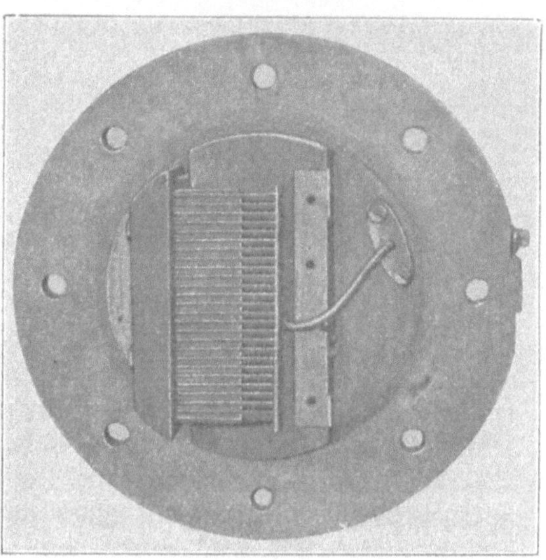

Abb. 34. Leitradmündung Modell 2 mit vorgeschaltetem Laufradkranz und der Einrichtung zur Druckmessung im Laufradkranz.

Druckmessungen den Druckverlauf des Dampfes beim Durchströmen der Leitradmündung zu bestimmen, während bei der letzten Reihe der Versuche hauptsächlich die Bestimmung der ψ-Kurve angestrebt wurde. In der Zahlentafel 7 sind die reinen Druckmessungen in der gleichen Weise wie in Zahlentafel 3 für die einfache Mündung zusammengestellt, so daß sich eine Erklärung der einzelnen in die Zahlentafel aufgenommenen Größen erübrigt. Die Versuche Nr. 1 bis 139 wurden an Modell I, Abb. 25 bis 27, gewonnen, wobei ich allerdings schon bei den Vorversuchen wegen der zu großen Dampfaufnahme gezwungen war, statt der vorhandenen vier Kanäle nur zwei zu benutzen und die übrigen zwei abzuschließen. Bei den ersten Versuchen Nr. 1 bis 20 war das Meßloch im Kanal 3

Zahlentafel 7.
Versuche an der Zoelly-Leitradmündnng. Druckmessungen.

Zeit	Versuch Nr.	Druck p_1 at	Temperatur t_1 °C	Druckunterschied $p_1 - p_2$ mm	Druckunterschied $p_x - p_2$ mm	Druckverhältnis $\frac{p_2}{p_1}$	Druckverhältnis $\frac{p_x}{p_1}$	Druckverhältnis $\frac{\Delta p}{p_1}$	
18. 12. 11	1	6,65	—	223,4	— 12	0,9578	0,9555	—0,0023	gesättigter Dampf. Leitrad Mod. I. Kanäle 3 und 4 offen. Meßloch I am Kanal 3
	2	6,62	—	600	— 10	0,8862	0,8843	—0,0019	
	3	6,64	—	833	— 9	0,8426	0,8409	—0,0017	
	4	6,64	—	1034	— 25	0,8046	0,7999	—0,0047	
	5	6,66	—	1330	— 20	0,7496	0,7458	—0,0038	
	6	6,59	—	1685	— 30	0,6792	0,6735	—0,0057	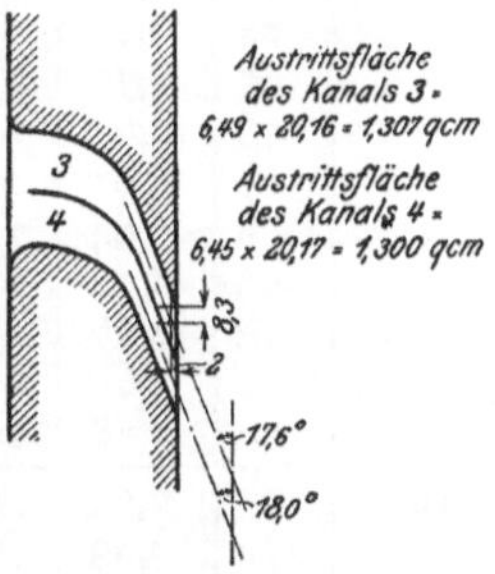
	7	6,62	—	2033	— 30	0,6148	0,6091	—0,0057	Austrittsfläche des Kanals 3 = 6,49 x 20,16 = 1,307 qcm
	8	6,67	—	2280	— 22	0,5713	0,5672	—0,0041	
	9	6,68	—	2727	+ 2	0,4885	0,4889	+0,0004	Austrittsfläche des Kanals 4 = 6,45 x 20,17 = 1,300 qcm
	10	6,68	—	3148	— 42	0,4095	0,4016	—0,0079	
	11	6,74	—	3271	— 70	0,3915	0,3785	—0,0130	
	12	6,76	—	3407	— 60	0,3680	0,3569	—0,0111	
	13	6,72	—	3478	— 16	0,3505	0,3475	—0,0030	
	14	6,69	—	3561	+ 55	0,3320	0,3423	+0,0103	
	15	6,69	—	3666	+118	0,3125	0,3346	+0,0221	
	16	6,69	—	3784	+235	0,2905	0,3346	+0,0441	
	17	6,68	—	3866	+320	0,2745	0,3346	+0,0601	
	18	8,66	—	3197	— 12	0,5374	0,5357	—0,0017	
	18	4,65	—	2790	+221	0,2475	0,3367	+0,0892	
	20	6,13	—	3793	+554	0,2235	0,3369	+0,1134	$\left(\frac{p_x}{p_1}\right)_{krit.} = 0,335$
11. 1. 12	21	6,69	283,9	861	+ 4	0,8385	0,8393	+0,0008	überhitzter Dampf.
	22	6,66	282,5	1101	+ 12	0,7928	0,7951	+0,0023	
	23	6,65	282,2	1372	+ 14	0,7411	0,7437	+0,0026	
	24	6,65	282,0	1592	+ 18	0,6996	0,7030	+0,0034	
	25	6,66	281,7	1797	+ 18	0,6614	0,6648	+0,0034	
	26	6,65	281,4	2026	+ 20	0,6177	0,6215	+0,0038	
	27	6,68	279,7	2440	+ 20	0,5418	0,5456	+0,0038	
	28	6,68	278,7	2663	+ 32	0,4998	0,5058	+0,0060	
	29	6,67	278,7	2861	+ 10	0,4616	0,4635	+0,0019	
	30	6,66	277,8	2968	—120	0,4408	0,4182	—0,0226	
	31	6,65	276,9	3080	—215	0,4188	0,3782	—0,0406	
	32	6,66	275,7	3212	—260	0,3948	0,3458	—0,0490	
	33	6,68	274,9	3372	—268	0,3668	0,3165	—0,0503	
	34	6,67	274,4	3660	—152	0,3115	0,2829	—0,0286	
	35	6,68	273,5	3869	± 0	0,2735	0,2735	± 0	
	36	6,00	273,2	3697	+220	0,2268	0,2728	+0,0460	
	37	5,85	271,6	3581	+210	0,2315	0,2765	+0,0450	$\left(\frac{p_x}{p_1}\right)_{krit.} = 0,275$
9. 1. 12	38	6,73	—	375,5	+ 26	0,9300	0,9349	+0,0049	gesättigter Dampf. Leitrad Mod. I. Kanäle 3 und 4 offen. Meßloch I am Kanal IV.
	39	6,63	—	978	+ 82	0,8148	0,8303	+0,0155	
	40	6,67	—	1376	+120	0,7412	0,7638	+0,0226	
	41	6,68	—	1633	+144	0,6932	0,7203	+0,0271	
	42	6,68	—	1949	+170	0,6338	0,6657	+0,0319	
	43	6,62	—	2305	+213	0,5632	0,6036	+0,0404	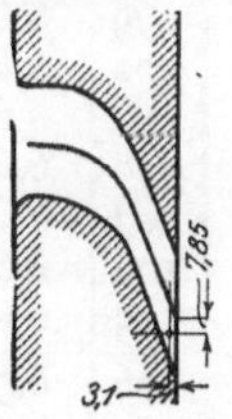
	44	6,67	—	2600	+253	0,5110	0,5586	+0,0476	
	45	6,69	—	2815	+300	0,4718	0,5281	+0,0563	
	46	6,65	—	3003	+168	0,4335	0,4652	+0,0317	
	47	6,68	—	3137	+190	0,4112	0,4469	+0,0357	
	48	6,68	—	3318	+214	0,3765	0,4167	+0,0402	
	49	6,71	—	3589	+294	0,3290	0,3840	+0,0550	
	50	6,66	—	3723	+475	0,2985	0,3879	+0,0894	
	51	6,65	—	3866	+617	0,2710	0,3874	+0,1164	$\left(\frac{p_x}{p_1}\right)_{krit.} = 0,386$

Zahlentafel 7 (Fortsetzung).

Zeit	Versuch Nr.	Druck p_1 at	Temperatur t_1 °C	Druckunterschied $p_1 - p_2$ mm	Druckunterschied $p_x - p_2$ mm	Druckverhältnis $\frac{p_2}{p_1}$	Druckverhältnis $\frac{p_x}{p_1}$	Druckverhältnis $\frac{\Delta p}{p_1}$	
10. 1. 12	52	6,69	268,8	616	+ 72	0,8844	0,8879	+0,0135	überhitzter Dampf.
	53	6,66	268,8	1048	+ 111	0,8026	0,8235	+0,0209	
	54	6,68	267,5	1243	+ 133	0,7668	0,7818	+0,0250	
	55	6,64	260,5	1431	+ 151	0,7296	0,7582	+0,0286	
	56	6,66	259,5	1635	+ 168	0,6920	0,7236	+0,0316	
	57	6,65	258,4	2027	+ 201	0,6178	0,6557	+0,0379	
	58	6,64	258,0	2219	+ 212	0,5807	0,6208	+0,0401	
	59	6,64	257,6	2424	+ 236	0,5418	0,5864	+0,0446	
	60	6,65	257,1	2614	+ 265	0,5070	0,5570	+0,0500	
	61	6,67	256,7	2824	+ 292	0,4685	0,5235	+0,0550	
	62	6,65	256,5	2936	+ 267	0,4465	0,4969	+0,0504	
	63	6,64	257,4	3043	+ 180	0,4245	0,4585	+0,0340	
	64	6,64	257,7	3154	+ 32	0,4035	0,4096	+0,0061	
	65	6,70	258,9	3282	— 40	0,3855	0,3780	—0,0075	
	66	6,67	259,5	3357	— 35	0,3685	0,3619	—0,0066	
	67	6,61	259,9	3441	— 5	0,3470	0,3461	—0,0009	
	68	6,64	260,0	3549	+ 66	0,3295	0,3420	+0,0125	
	69	6,71	260,0	3812	+ 255	0,2870	0,3347	+0,0477	
	70	6,67	260,0	3906	+ 355	0,2655	0,3323	+0,0668	
	71	5,66	259,6	3264	+ 242	0,2765	0,3301	+0,0536	$\left(\frac{p_x}{p_1}\right)_{krit.} = 0,333$
	72	5,68	260,3	3478	+ 440	0,2315	0,3287	+0,0972	
27. 12. 11	73	6,63	—	251	— 7	0,9525	0,9512	—0,0013	gesättigter Dampf.
	74	6,69	—	631,5	— 2	0,8815	0,8811	—0,0004	Leitrad Mod. I. Kanäle
	75	6,68	—	941	+ 10	0,8231	0,8250	+0,0019	3 und 4 offen. Meßloch 2
	76	6,66	—	1335	+ 20	0,7486	0,7524	+0,0038	am Kanal 4
	77	6,65	—	1781	+ 28	0,6643	0,6696	+0,0053	
	78	6,65	—	2156	+ 60	0,5936	0,6049	+0,0113	
	79	6,67	—	2429	+ 130	0,5432	0,5677	+0,0245	
	80	6,69	—	2742	+ 363	0,4858	0,5538	+0,0680	
	81	6,69	—	3094	+ 715	0,4195	0,5537	+0,1342	
	82	6,68	—	3759	+1407	0,2935	0,5577	+0,2642	
	83	5,33	—	2985	+1060	0,2970	0,5468	+0,2498	
	84	4,79	—	2643	+ 905	0,3075	0,5445	+0,2370	
28. 12. 11	85	6,73	259,1	294,4	+ 29	0,9451	0,9505	+0,0054	$\left(\frac{p_x}{p_1}\right)_{krit.} = 0,554$
	86	6,70	258,1	1043	+ 67	0,8046	0,8172	+0,0126	
	87	6,69	253,7	1951	+ 97	0,6341	0,6523	+0,0182	überhitzter Dampf.
	88	6,68	260,3	2229	+ 99	0,5815	0,6001	+0,0186	
	89	6,67	257,9	2528	+ 147	0,5245	0,5522	+0,0277	
	90	6,69	253,0	2631	+ 199	0,5062	0,5436	+0,0374	
	91	6,67	253,0	2833	+ 345	0,4672	0,5321	+0,0649	
	92	6,67	250,4	3553	+1037	0,3315	0,5265	+0,1950	$\left(\frac{p_x}{p_1}\right)_{krit.} = 0,532$
	93	6,55	265,9	2747	+ 323	0,4738	0,5356	+0,0618	
30. 12. 11	94	4,67	273,2	2777	+1002	0,2542	0,5235	+0,2693	
4. 1. 12	95	6,66	—	345	+ 3	0,9350	0,9356	+0,0006	gesättigter Dampf.
	96	6,64	—	625	+ 19	0,8769	0,8805	+0,0036	Leitrad Mod. I. Kanäle
	97	6,66	—	1050	+ 40	0,8022	0,8097	+0,0075	3 und 4 offen. Meßloch 3
	98	6,64	—	1367	+ 80	0,7418	0,7569	+0,0151	am Kanal 4
	99	6,66	—	1678	+ 104	0,6838	0,7034	+0,0196	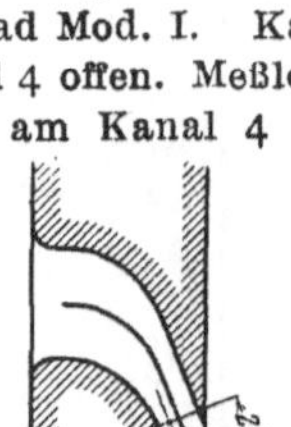
	100	6,65	—	1977	+ 176	0,6274	0,6606	+0,0332	
	101	6,67	—	2334	+ 316	0,5612	0,6206	+0,0594	
	102	6,66	—	2511	+ 444	0,5270	0,6106	+0,0836	
	103	6,68	—	2892	+ 770	0,4568	0,6015	+0,1447	
	104	6,67	—	3178	+1062	0,4025	0,6023	+0,1998	
	105	6,69	—	3433	+1315	0,3565	0,6029	+0,2464	
5. 1. 12	106	6,59	279,6	2867	+ 760	0,4545	0,5992	+0,1447	$\left(\frac{p_x}{p_1}\right)_{krit.} = 0,602$
	107	6,61	279,2	3115	+1010	0,4087	0,6005	+0,1918	
	108	6,61	277,9	3326	+1210	0,3683	0,5980	+0,2297	überhitzter Dampf.

Zahlentafel 7 (Fortsetzung).

Zeit	Versuch Nr.	Druck p_1 at	Temperatur t_1 °C	Druckunterschied $p_1 - p_2$ mm	Druckunterschied $p_x - p_2$ mm	Druckverhältnis $\frac{p_2}{p_1}$	Druckverhältnis $\frac{p_x}{p_1}$	Druckverhältnis $\frac{\Delta p}{p_1}$	
5. I. 12	109	6,75	—	314,5	— 12	0,9416	0,9394	—0,0022	gesättigter Dampf.
	110	6,69	—	640	— 12	0,8800	0,8778	—0,0022	Leitrad Mod. I. Kanal 4
	111	6,68	—	933	— 10	0,8248	0,8229	—0,0019	verschlossen. Meßloch 1
	112	6,68	—	1392	— 5	0,7388	0,7379	—0,0009	am Kanal 3
	113	6,68	—	1752	+ 4	0,6710	0,6718	+0,0008	
	114	6,68	—	2088	+ 35	0,6078	0,6144	+0,0066	
	115	6,68	—	2296	+ 50	0,5688	0,5782	+0,0094	
	116	6,65	—	2504	+ 25	0,2673	0,5320	+0,0047	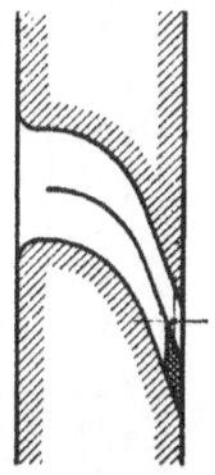
	117	6,65	—	2697	+ 10	0,4912	0,4931	+0,0019	
	118	6,69	—	3034	— 12	0,4310	0,4288	—0,0022	
	119	6,67	—	3247	— 48	0,3895	0,3805	—0,0090	
	120	6,69	—	3289	— 42	0,3835	0,3756	—0,0079	
	121	6,69	—	3425	+ 10	0,3580	0,3599	+0,0019	
	122	6,69	—	3527	+ 86	0,3385	0,3546	+0,0161	
	123	6,71	—	3749	+221	0,2985	0,3399	+0,0414	$\left(\frac{p_x}{p_1}\right)_{krit.} = 0{,}338$
	124	6,71	—	3893	+352	0,2715	0,3374	+0,0659	
5. I. 12	125	6,70	—	356	+ 8	0,9334	0,9349	+0,0015	gesättigter Dampf.
	126	6,68	—	621,5	+ 28	0,8832	0,8885	+0,0053	Leitrad Mod. I. Kanal 3
	127	6,64	—	936,5	+ 48	0,8221	0,8312	+0,0091	verschlossen. Meßloch 1
	128	6,66	—	1364	+ 81	0,7429	0,7582	+0,0153	am Kanal 4
	129	6,67	—	1742	+100	0,6733	0,6921	+0,0188	
	130	6,66	—	2098	+122	0,6048	0,6278	+0,0230	
	131	6,68	-	2367	+165	0,5554	0,5864	+0,0310	
	132	6,67	—	2508	+208	0,5282	0,5673	+0,0391	
	133	6,64	—	2643	+134	0,5002	0,5255	+0,0253	
	134	6,66	—	2871	+106	0,4592	0,4792	+0,0200	
	135	6,66	—	2998	+ 92	0,4352	0,4525	+0,0173	
	136	6,64	—	3139	+105	0,4068	0,4266	+0,0198	
	137	6,66	—	3255	+147	0,3865	0,4142	+0,0277	
	138	6,69	—	3575	+347	0,3295	0,3946	+0,0651	$\left(\frac{p_x}{p_1}\right)_{krit.} = 0{,}390$
	139	6,68	—	3889	+641	0,2692	0,3896	+0,1204	
13. 3. 12	140	6,71	—	290	— 90	0,9458	0,9290	—0,0168	gesättigter Dampf.
	141	6,70	—	586	—155	0,8902	0,8612	—0,0290	Leitrad Mod. I. Kanal 3
	142	6,69	—	777	—190	0,8543	0,8187	—0,0356	geschlossen. Meßloch 4
	143	6,69	—	1013	—245	0,8101	0,7642	—0,0459	am Kanal 4
	144	6,69	—	1426	—310	0,7327	0,6746	—0,0581	
	145	6,69	—	1858	—325	0,6517	0,5908	—0,0609	
	146	6,70	—	2085	—320	0,6093	0,5493	—0,0600	
	147	6,70	—	2289	—270	0,5712	0,5206	—0,0506	
	148	6,68	—	2608	—210	0,5100	0,4705	—0,0395	
	149	6,70	—	2867	—150	0,4635	0,4354	—0,0281	
	150	6,71	—	3113	— 58	0,4185	0,4077	—0,0108	
	151	6,70	—	3166	+ 22	0,4068	0,4107	+0,0041	
	152	6,69	—	3387	+202	0,3652	0,4031	+0,0379	
	153	6,68	—	3546	+100	0,3345	0,3533	+0,0188	
	154	6,69	—	3638	— 44	0,3184	0,3101	—0,0083	
	155	6,70	—	3733	—160	0,3010	0,2710	—0,0300	
	156	6,67	—	3897	—190	0,2675	0,2317	—0,0358	
16. 3. 12	157	6,59	—	847	— 13	0,8431	0,8407	—0,0024	gesättigter Dampf.
	158	6,65	—	1017	— 7	0,8080	0,8067	—0,0013	Leitrad Mod. II. Meß-
	159	6,64	—	1213	+ 17	0,7708	0,7736	+0,0032	loch 1 am Kanal 1.
	160	6,65	—	1397	+ 24	0,7364	0,7409	+0,0045	Kanäle 1 und 2 offen
	161	6,64	—	1591	— 10	0,6993	0,6974	—0,0019	
	162	6,61	—	1869	— 25	0,6453	0,6406	—0,0047	
	163	6,64	—	2072	— 28	0,6082	0,6029	—0,0053	
	164	6,65	—	2395	— 50	0,5482	0,5388	—0,0094	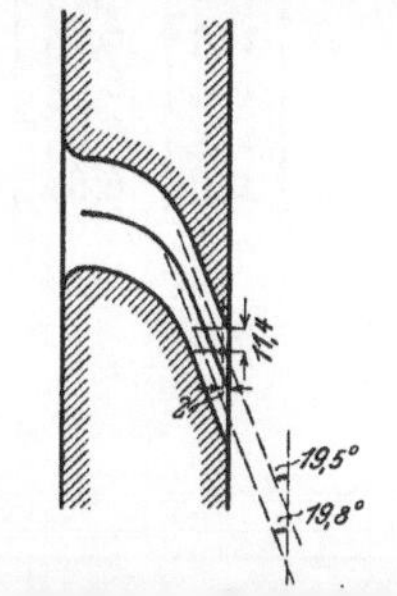
	165	6,65	—	2642	— 55	0,5016	0,4914	—0,0104	
	166	6,65	—	2803	—100	0,4712	0,4523	—0,0189	
	167	6,67	—	3032	—127	0,4298	0,4059	—0,0239	
	168	6,65	—	3275	—170	0,3805	0,3484	—0,0321	
	169	6,65	—	3469	—150	0,3455	0,3172	—0,0283	
	170	6,65	—	3682	— 62	0,3055	0,2938	—0,0117	
	171	6,66	—	3876	+ 84	0,2704	0,2862	+0,0158	
	172	6,02	—	3521	+ 80	0,2662	0,2829	+0,0167	

Zahlentafel 7 (Fortsetzung).

Zeit	Versuch Nr.	Druck p_1 at	Temperatur t_1 °C	Druckunterschied $p_1 - p_2$ mm	Druckunterschied $p_x - p_2$ mm	Druckverhältnis $\frac{p_2}{p_1}$	Druckverhältnis $\frac{p_x}{p_2}$	Druckverhältnis $\frac{\Delta p}{p_1}$	
16. 3. 12	173	6,55	—	681	± 0	0,8903	0,8903	±0, 0	**gesättigter Dampf.** Leitrad Mod. II mit vorgesetztem Laufschaufelkranz. Kanal 1 u. 2 offen. Meßloch 1 am Kanal 1
	174	6,65	—	945	— 5	0,8216	0,8207	—0,0009	
	175	6,64	—	1320	— 30	0,7474	0,7417	—0,0057	
	176	6,64	—	1585	— 25	0,7005	0,6958	—0,0047	
	177	6,75	—	1840	— 35	0,6578	0,6513	—0,0065	
	178	6,71	—	2048	— 45	0,6172	0,6088	—0,0084	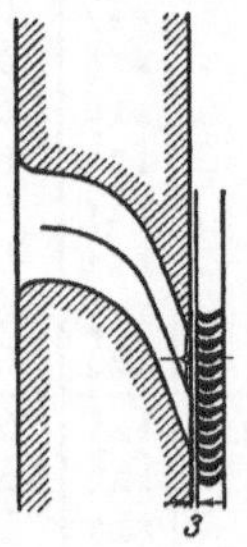
	179	6,65	—	2284	— 75	0,5690	0,5548	—0,0142	
	180	6,66	—	2420	—109	0,5372	0,5163	—0,0209	
	181	6,65	—	2597	—120	0,5102	0,4876	—0,0226	
	182	6,65	—	2773	—170	0,4765	0,4444	—0,0321	
	183	6,64	—	2995	—182	0,4345	0,4001	—0,0344	
	184	6,65	—	3079	—240	0,4192	0,3739	—0,0453	
	185	6,70	—	3283	—265	0,3852	0,3355	—0,0497	
	186	6,73	—	3447	—250	0,3575	0,3109	—0,0466	
	187	6,69	—	3506	—222	0,3424	0,3007	—0,0417	
	188	6,71	—	3645	—156	0,3184	0,2892	—0,0292	
	189	6,70	—	3758	— 65	0,2958	0,2836	—0,0122	
	190	6,71	—	3880	+ 38	0,2744	0,2815	+0,0071	
	191	5,98	—	3497	+ 60	0,2665	0,2791	+0,0126	
20. 3. 12	192	6,69	—	998	— 12	0,8129	0,8106	—0,0023	**gesättigter Dampf.** Leitrad Mod. II. Kanal 1 und 2 offen. Meßloch 1 a am Kanal 1
	193	6,66	—	1257	+ 5	0,7632	0,7641	+0,0009	
	194	6,65	—	1445	+ 12	0,7274	0,7297	+0,0023	
	195	6,65	—	1638	+ 25	0,6908	0,6955	+0,0047	
	196	6,67	—	1856	+ 35	0,6508	0,6574	+0,0066	
	197	6,67	—	2089	+ 52	0,6070	0,6168	+0,0098	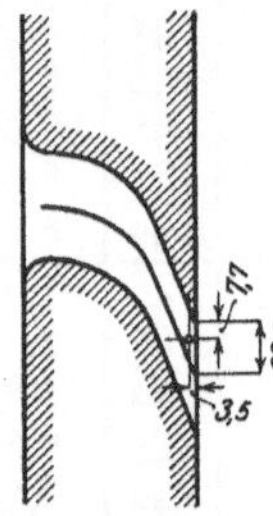
	198	6,67	—	2220	+ 70	0,5822	0,5954	+0,0132	
	199	6,67	—	2317	+ 95	0,5641	0,5820	+0,0179	
	200	6,69	—	2408	+130	0,5485	0,5729	+0,0244	
	201	6,69	—	2567	+110	0,5188	0,5394	+0,0206	
	202	6,63	—	2698	+100	0,4895	0,5084	+0,0189	
	203	6,65	—	2982	+130	0,4375	0,4620	+0,0245	
	204	6,69	—	3129	+164	0,4136	0,4444	+0,0308	
	205	6,69	—	3495	+365	0,3445	0,4129	+0,0684	
	206	6,67	—	3884	+705	0,2692	0,4019	+0,1327	
22. 3. 12	207	6,75	—	533	— 28	0,9009	0,8957	—0,0052	**gesättigter Dampf.** Leitrad Mod. II mit vorgesetztem Laufschaufelkranz. Kanal 1 und 2 offen. Meßloch *a* im Laufradkranz
	208	6,75	—	789	— 42	0,8533	0,8455	—0,0078	
	209	6,67	—	1169	— 50	0,7800	0,7706	—0,0094	
	210	6,63	—	1701	— 62	0,6782	0,6665	—0,0117	
	211	6,65	—	1979	— 60	0,6265	0,6152	—0,0113	
	212	6,66	—	2198	— 62	0,5858	0,5741	—0,0117	
	213	6,65	—	2516	— 63	0,5252	0,5133	—0,0119	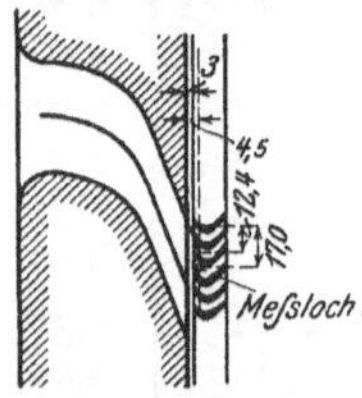
	214	6,66	—	3192	— 56	0,3985	0,3879	—0,0106	
	215	6,65	—	3277	— 49	0,3818	0,3725	—0,0093	
	216	6,71	—	3399	— 44	0,3648	0,3566	—0,0082	
	217	6,69	—	3581	— 30	0,3290	0,3234	—0,0056	
	218	6,67	—	3867	— 28	0,2724	0,2671	—0,0053	
22. 3. 12	219	6,52	—	1649	— 52	0,6826	0,6726	—0,0100	**gesättigter Dampf.** Leitrad Mod. II mit vorgesetztem Laufschaufelkranz v. 24,5 mm Höhe. Meßloch *b* im darauffolgenden Laufradkanal.
	220	6,56	—	1922	— 50	0,6324	0,6228	—0,0096	
	221	6,62	—	2290	— 45	0,5657	0,5572	—0,0085	
	222	6,65	—	2589	— 44	0,5088	0,5004	—0,0084	
	223	6,65	—	2815	— 44	0,4664	0,4580	—0,0084	
	224	6,65	—	3186	— 43	0,3955	0,3873	—0,0082	
	225	6,65	—	3520	— 31	0,3323	0,3264	—0,0059	
	226	6,67	—	3898	— 29	0,2683	0,2628	—0,0055	

Zahlentafel 7 (Schluß).

Zeit	Versuch Nr.	Druck p_1 at	Temperatur t_1 °C	Druckunterschied $p_1 - p_2$ mm	Druckunterschied $p_x - p_2$ mm	Druckverhältnis $\frac{p_2}{p_1}$	Druckverhältnis $\frac{p_x}{p_1}$	Druckverhältnis $\frac{\Delta p}{p_1}$	
22. 3. 12	227	6,72	—	548	— 12	0,8977	0,8955	—0,0022	Meßloch *a* am Laufkanal. Höhe des Laufradkranzes vermindert von 24,5 mm auf 21 mm
	228	6,69	—	1033	— 6	0,8062	0,8051	—0,0011	
	229	6,68	—	1308	+ 3	0,7545	0,7551	+0,0006	
	230	6,68	—	1639	+ 16	0,6924	0,6954	+0,0030	
	231	6,67	—	1991	+ 49	0,6254	0,6346	+0,0092	
	232	6,67	—	2253	+ 93	0,5761	0,5936	+0,0175	
	233	6,64	—	2549	+117	0,5184	0,5405	+0,0221	
	234	6,66	—	2722	+132	0,4870	0,5119	+0,0249	
	235	6,72	—	3055	+120	0,4295	0,4519	+0,0224	
	236	6,70	—	3248	+ 68	0,3918	0,5045	+0,0127	
	237	6,69	—	3447	+ 45	0,3538	0,3622	+0,0084	
	238	6,66	—	3743	+182	0,2948	0,3291	+0,0343	
	239	6,66	—	3877	+325	0,2696	0,3308	+0,0612	
22. 3. 12	240	6,73	—	393	— 12	0,9267	0,9245	—0,0022	Meßloch 1 im Schrägabschnitt bei 21,0 mm Laufkranzhöhe
	241	6,70	—	741	— 16	0,8612	0,8582	—0,0030	
	242	6,69	—	1359	— 5	0,7451	0,7442	—0,0009	
	243	6,66	—	1893	— 8	0,6432	0,6417	—0,0015	
	244	6,67	—	2411	— 8	0,5462	0,5447	—0,0015	
	245	6,67	—	2763	— 10	0,4800	0,4781	—0,0019	
	246	6,75	—	2884	— 25	0,4643	0,4597	—0,0046	
	247	6,68	—	3035	— 78	0,4302	0,4156	—0,0146	
	248	6,66	—	3194	—128	0,3980	0,3739	—0,0241	
	249	6,68	—	3449	—130	0,3526	0,3280	—0,0246	
	250	6,68	—	3589	—118	0,3266	0,3044	—0,0222	
	251	6,72	—	3746	— 61	0,3006	0,2892	—0,0114	
	252	6,67	—	3876	+ 38	0,2708	0,2780	+0,0072	

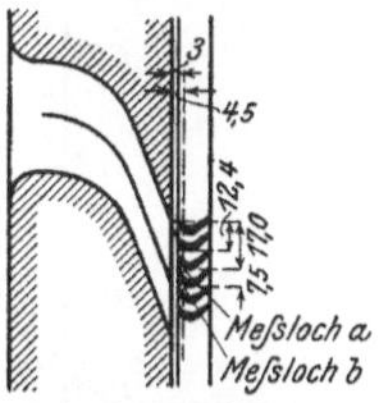

im Schrägabschnitt angebracht, und es wurde wie früher die Abhängigkeit des Druckes an der Meßstelle von den beiden Dampfpressungen vor und nach der Leitradmündung bei gesättigtem Dampf untersucht. Diese Versuchswerte sind in Abb. 35 dargestellt; die erhaltenen Kurven zeigen, daß der Druck an der Meßstelle bei allen zwischen 1 und 0,4 liegenden Werten des Druckverhältnisses $\frac{p_2}{p_1}$ nur wenig von dem Drucke nach der Mündung abwich, bei noch geringeren Werten sich aber auf die gleiche Höhe von $0{,}335\,p_1$ einstellte. Ein Vergleich der unter Nr. 1 bis 20 aufgeführten Zahlen mit den an derselben Meßstelle bei Betrieb mit überhitztem Dampf erhaltenen Werten (s. Versuche Nr. 21 bis 37 und Abb. 35) liefert das Ergebnis, daß auch hier wie bei der einfachen Mündung bei den größeren Druckverhältniswerten der an irgend einer Meßstelle des Mündungskanales bei überhitztem Dampf ermittelte Druck immer etwas höher ist als der an der gleichen Stelle und unter demselben Druckverhältnis bei gesättigtem Dampf gefundene Druck, während bei den kleineren Werten des Druckverhältnisses $\frac{p_2}{p_1}$ der erstere Druck weit geringer ist. Der für überhitzten Dampf gefundene stets gleiche Wert des Druckes an der Meßstelle betrug $0{,}275\,p_1$, womit die entsprechende Zahl für gesättigten Dampf ($0{,}335\,p_1$) beträchtlich unterschritten ist. Die beiden bis jetzt behandelten Kurven der Abb. 35, die im übrigen ähnlichen Verlauf aufweisen, lassen noch eine Besonderheit erkennen, die bei diesen Untersuchungen noch öfter festgestellt wurde: bei Herabsetzung des Druckverhältnisses $\frac{p_2}{p_1}$ macht sich plötzlich, kurz bevor der unveränderliche

Druck erreicht wird, eine mehr oder minder starke Abnahme des Wertes $\frac{\Delta p}{p_1}$ geltend. Worauf diese Unregelmäßigkeit im Verlaufe der Kurven $\frac{\Delta p}{p_1} = f\left(\frac{p_2}{p_1}\right)$ zurückgeführt werden muß, konnte nicht ermittelt werden. Da sie nur für solche Meßstellen beobachtet wurde, die vom Dampfstrahl je nach den Betriebsverhältnissen sowohl unter Druckabnahme als auch unter Drucksteigerung

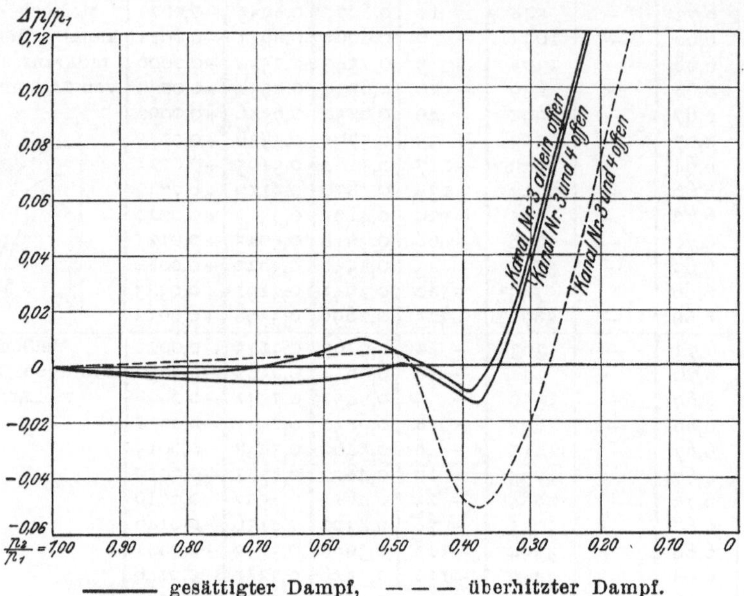

——— gesättigter Dampf, — — — überhitzter Dampf.

Abb. 35. Zölly-Mündung. Leitradmündung Modell I. Meßloch 1 am Kanal 3.

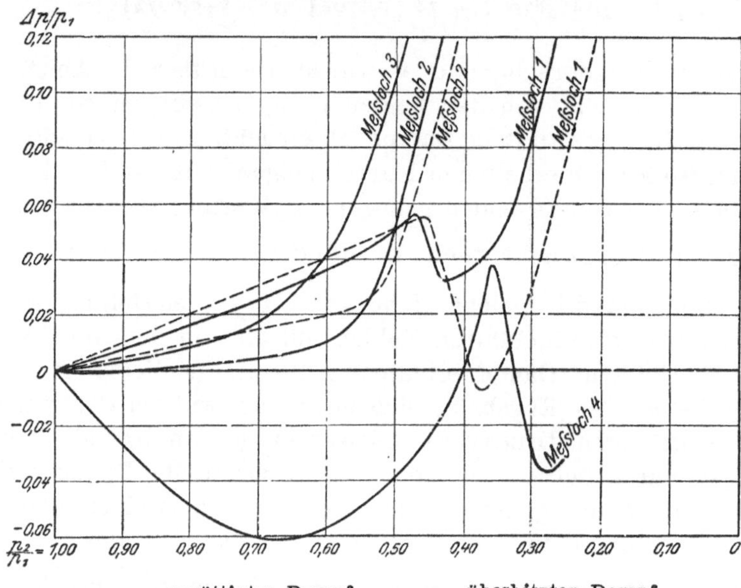

——— gesättigter Dampf, — — — überhitzter Dampf.

Abb. 36. Zölly-Mündung. Leitradmündung Modell I. Kanal 3 und 4 offen. Sämmtliche Meßstellen sind am Kanal 4 angebracht.

berührt werden können, ist es wahrscheinlich, daß sie durch Vorgänge bewirkt wird, die von der Wiederverdichtung herrühren. Druckmessungen, die an der im Schrägabschnitt des Kanals 4 liegenden Meßstelle Nr. 1 ausgeführt wurden und unter Nr. 38 bis 72 in die Zahlentafel aufgenommen worden sind, lieferten, wie aus Abb. 36 ersichtlich ist, ähnliche Kurven wie die eben besprochenen.

Daß die Kurven für das Meßloch 1 am Kanal 4 durchweg größere Ordinatenwerte besitzen und die bei niedrigem Gegendrucke sich einstellenden »unveränderlichen Drücke« an dieser Meßstelle bei beiden Dampfarten höher sind als die entsprechenden Versuchsergebnisse für die Meßstelle 1 am Kanal 3, erklärt sich dadurch, daß die letztere Meßstelle näher am Mündungsrand und weiter entfernt vom Endquerschnitt des prismatischen Kanalteiles angebracht war (s. Maßskizze in der Zahlentafel). Eine im geschlossenen Teile des Mündungskanales 4 nahe dem Endquerschnitte liegende Meßstelle Nr. 2 brachte die Versuchswerte Nr. 73 bis 94; aus einem Vergleiche dieser Werte mit den an der einfachen Mündung erhaltenen (s. Zahlentafel 3, Versuch 1 bis 35 und 88 bis 107) und der diese Werte darstellenden Kurven in Abb. 36 und Abb. 20 bis 22 geht unzweifelhaft hervor, daß der ringsum geschlossene Kanalteil der Leitradmündung nach Art des Modells 1 sich ebenso verhält wie die einfache Mündung. Die Annahme Christleins, daß in dem geschlossenen Kanalteile eine Expansion bis weit unter den kritischen Druck infolge von Strahlablösung stattfinden würde, trifft für diese Mündung nicht zu. Der kritische Druck wird zwar etwas unterschritten, jedoch nur in gleichem Maße wie bei der einfachen Mündung. Dieses Ergebnis wird durch die Versuche 95 bis 108 noch bestätigt, die mit einer am Anfange des prismatischen Kanalteils liegenden Meßstelle Nr. 3 ausgeführt wurden und denen die Versuche 36 bis 87 der Zahlentafel 3 gegenübergestellt werden müssen. Wie bei der einfachen Mündung ist auch hier bei allen Druckverhältnissen der Druck im Mündungsquerschnitt (Meßstelle 2) niedriger als der im Innern des Kanals gemessene Druck (s. Versuche für Meßstelle 3). Die von Christlein vermutete Strahlablösung kann somit an dem hier untersuchten Leitradkanal gar nicht vorhanden sein. Im Schrägabschnitt ist bei kleinerem Gegendruck eine leichte Drucksteigerung vom Punkt 2 nach Punkt 1 zu verzeichnen, was auf die bei der Vernichtung der kinetischen Energie und bei der Wiederverdichtung auftretenden Vorgänge zurückzuführen ist, s. Abb. 36. Es beweist dies, daß bei unterkritischen Geschwindigkeiten der Schrägabschnitt keine weitere Expansion des Dampfstrahles verursacht, was von Stodola für die Leitschaufeln einer Ueberdruckturbine bereits nachgewiesen wurde (s. Einleitung dieses Abschnittes). Wenn zwischen dem Punkt 1 und der an der spitzen Ecke, also weiter außen gelegenen Meßstelle Nr. 4 wieder eine Druckabnahme auftritt, s. Abb. 36, so zeigt dies nur, daß die endgültige Einstellung auf den Gegendruck erst nach einigen Druckschwingungen erfolgt. Bei höherem Gegendrucke wird der Schrägabschnitt auch noch zur Expansion benutzt, was am besten durch einen Vergleich der für die einzelnen Meßstellen erhaltenen »unveränderlichen Druckwerte« veranschaulicht wird. Es ergab sich bei gesättigtem Dampf für Meßstelle 3 $0{,}602\, p_1$, für Meßstelle 2 $0{,}554\, p_1$, für Meßstelle 1 $0{,}386\, p_1$ und für Meßstelle 4 $\infty\, 0{,}20\, p_1$. Das letztere Meßloch Nr. 4 war, wie schon angegeben, in der äußeren spitzen Ecke des Schrägabschnittes angebracht; aus den damit vorgenommenen Versuchen (s. Nr. 140 bis 156 und die entsprechende Kurve in Abb. 36) läßt sich mit aller Sicherheit schließen, daß sich auch an dieser Meßstelle bei weiterer Herabsetzung des Gegendruckes zuletzt ein unveränderlicher Druck einstellen würde, der ungefähr den oben angegebenen Betrag besitzen dürfte. Bei den Versuchen mit Meßstelle 4 war der Kanal 3 ebenfalls verschlossen und nur Kanal 4 geöffnet. Es mußte nun die Frage beantwortet werden, deren Lösung an und für sich schon Beachtung beanspruchen dürfte, ob sich die in den benachbarten Kanälen fließenden Dampfstrahlen nicht gegenseitig in der Expansion beeinflussen. Die zu diesem Zwecke angestellten Versuche Nr. 109 bis 124 und 125 bis 139, wobei einmal

Druckmessungen an Meßstelle 1 des Kanals 3 bei abgeschlossenem Kanal 4 und das andere Mal solche an der Meßstelle 1 des Kanals 4 bei abgeschlossenem Kanal 3 vorgenommen wurden, lieferten zusammen mit den an diesen Meßstellen bei gleichzeitiger Oeffnung der beiden Kanäle früher erhaltenen Versuchswerten das Ergebnis, daß die Dampfstrahlen in den benachbarten Kanälen die Zustandsänderung in einem Leitradkanal nur sehr wenig, und zwar nur bei hohem Gegendruck beeinflussen, s. Abb. 35 und 37.

An dem Leitradkörper Modell II, bei dem die an Modell I vorhandene plötzliche Einschnürung vermieden worden und der vor allem für die Befestigung eines Laufschaufelkörpers eingerichtet worden war, wurden zuerst nochmals Versuche über die Abhängigkeit des Druckes von der Lage der Meßstelle

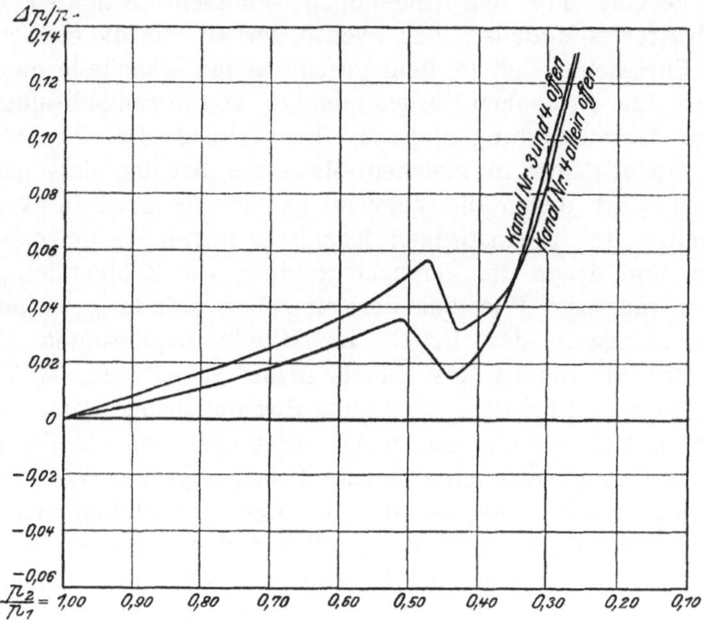

Abb. 37. Zölly-Mündung. Leitradmündung Modell I. Meßloch 1 am Kanal 4.

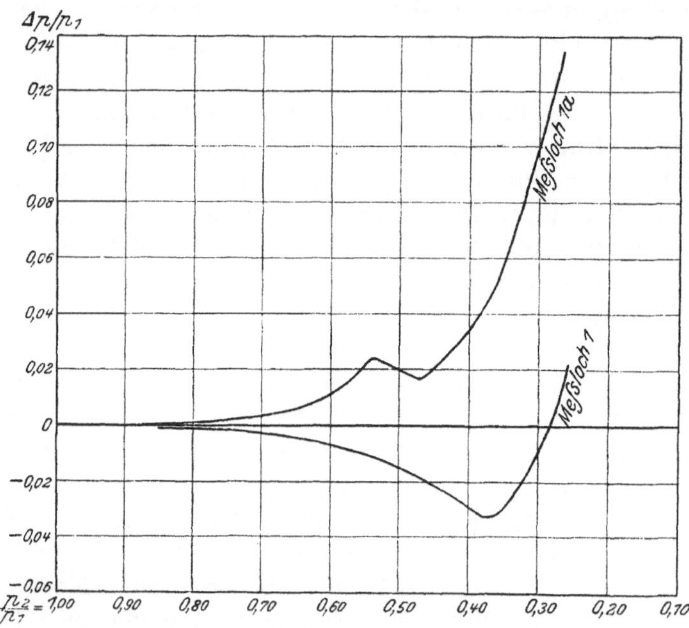

Abb. 38. Zölly-Mündung. Leitradmündung Modell II. Beide Meßstellen am Kanal 1 angebracht.

im Schrägabschnitt gemacht; die an Modell I gefundene Erscheinung, wonach der geschlossene Kanalteil sich genau so wie die einfache Mündung verhält und im Schrägabschnitt bei niedrigem Gegendruck eine äußerst kräftige Expansion stattfindet, wurde dabei auch an diesem Körper festgestellt (siehe Versuche Nr. 157 bis 172 und 192 bis 206 und Abb. 38). Die weiteren Versuche Nr. 173 bis 191, die unter Benutzung der Meßstelle 1 bei vorgeschaltetem Laufradkranze von 24,5 mm Höhe durchgeführt wurden, sollten durch einen Vergleich mit den Versuchen Nr. 157 bis 172 Aufschluß darüber bringen, ob das Vorschalten eines Laufrades die Expansion des Dampfstrahles im Leitradkanal beeinträchtigt. Es zeigte sich dabei das überraschende Ergebnis, daß dieses Vorschalten entgegen meiner Erwartung den im Schrägabschnitt bei hohem Gegendrucke teilweise herrschenden Unterdruck sogar noch fördert; es läßt sich dies dadurch erklären, daß dann der Dampfstrahl vor der Einwirkung der äußeren ruhenden Dampfmassen etwas mehr »geschützt« ist. Man beachte dabei, daß die ruhenden Dampfmassen den Unterdruck selbstverständlich zu vernichten suchen und daß die Beeinflussung des Druckes an der Meßstelle besonders dann bemerkbar ist, solange dort Unterdruck vorhanden ist, siehe Abb. 39.

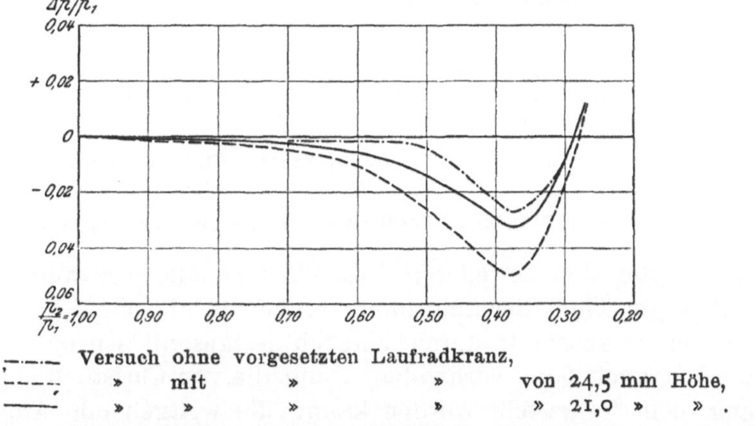

Abb. 39. Zölly-Mündung. Leitradmündung Modell II. Meßloch Nr. 1 am Kanal Nr. 1.

Der vorgeschaltete Laufradkörper wurde dann ebenfalls mit Meßlöchern (*a* und *b*) versehen, und zwar in den Eintrittquerschnitten zweier benachbarter Laufradkanäle, die im Bereiche des Leitradkanales 1 lagen. Die Versuche Nr. 207 bis 218 und 219 bis 226, siehe auch Abb. 40, welche unter Benutzung dieser Meßlöcher ausgeführt wurden, lassen erkennen, daß der Dampfstrahl an allen Stellen der Eintrittebene des Laufradkörpers nahezu den gleichen Druck aufweist und daß der Unterschied zwischen dem Gegendruck und dem an den genannten Meßstellen beobachteten Drucke bei allen untersuchten Druckverhältnissen fast vom gleichen geringen Wert ist.

Bei allen bis jetzt besprochenen Versuchen mit dem vorgeschalteten Laufradkörper betrug die freie Schaufelhöhe an diesem 24,5 mm, während die beiden Leitradkanäle uur eine Höhe von 20,6 und 21,1 mm aufwiesen. Dem Strahl war also reichlich Gelegenheit zur Weiterexpansion im Laufrade gegeben, um so mehr, als der Laufradkörper festgehalten war und so der Eintritt in den Laufradkanal mit der vollen, also der »absoluten« Dampfgeschwindigkeit erfolgte. Eine Minderung der Schaufelhöhe des Laufradkörpers auf 21,0 mm bewirkte naturgemäß nicht unerhebliche Drucksteigerungen im Schrägabschnitt (Meßstelle 1) und am Eintritt ins Laufrad selbst (Meßstelle *a*), siehe Versuche Nr. 227 bis 239 und 240 bis 252 und Abb. 39 bis 40; diese Drucksteigerungen gingen bei niedrigem Gegendrucke so weit, daß sich an der Meßstelle *a* sogar ebenfalls der »unveränderliche Druck« ausbildete, siehe Versuche Nr. 238 und 239. Der feste Wert des Druckes an der Meßstelle 1 blieb aber unverändert.

Aus den vorstehend wiedergegebenen Versuchsergebnissen geht unzweifelhaft hervor, daß die Leitradmündung tatsächlich Druckgefälle im Kanalinnern

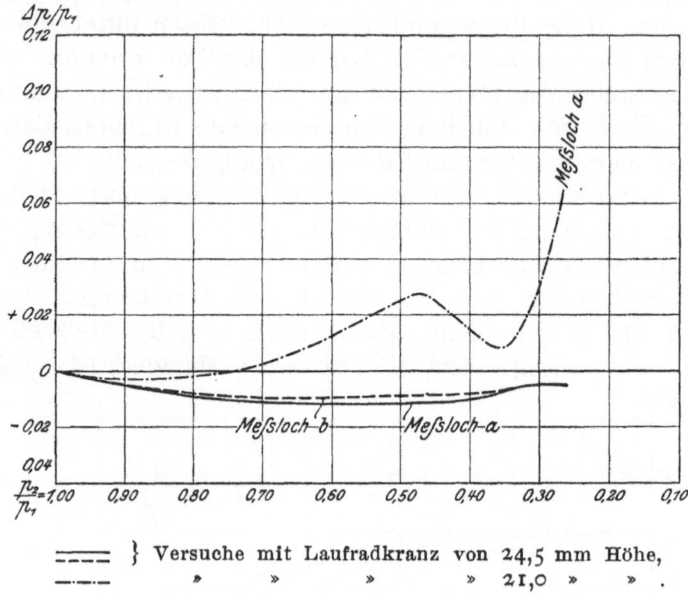

} Versuche mit Laufradkranz von 24,5 mm Höhe,
» » » » 21,0 » » .

Abb. 40. Zölly-Mündung. Meßlöcher *a* und *b* im Laufradkranz.

ausnützen kann, die den jeweiligen kritischen Gefällewert weit übersteigen. Diese wertvolle Eigenschaft der Leitradmündungen — die einfachen Mündungen besitzen, wie im 1. Abschnitt durch Versuch festgestellt wurde, diese Eigenschaft nicht — ist auch dann vorhanden, wenn die von Christlein angenommene Strahlablösung nicht festgestellt werden kann; die weitgehende Anpassung der Leitradmündungen ist eben in erster Linle auf die Wirkung des Schrägabschnittes zurückzuführen. Welcher Art nun diese Wirkung des Schrägabschnittes ist, läßt sich aus den Ergebnissen meiner Versuche ebenfalls ermitteln. Die von mir festgestellten Tatsachen, daß einerseits der ringsum geschlossene Kanalteil der Leitradmündung sich ebenso wie die einfaehe Mündung verhält und nur Druckgefälle verarbeiten kann, die den kritischen Wert nur verhältnismäßig wenig übersteigen, und daß anderseits im Dampfstrahl nach dem Austritt aus der Mündung, d. i. also im Laufradkranz, die Isobaren durch parallele Linien zur Mündungskante dargestellt sind, lassen darauf schließen, daß innerhalb des Schrägabschnittes die Linien gleichen Druckes sämtlich in der inneren, stumpfen Ecke des Schrägabschnittes zusammenlaufen müssen. Von dieser stumpfen Ecke aus wird also die Expansion des Dampfstrahles im Schrägabschnitt eingeleitet; die sich an den einzelnen Punkten des Schrägabschnittes einstellenden »unveränderlichen Druckwerte« sind also durch die Lage bedingt, die diese Punkte im Abschnitt gegenüber der erwähnten inneren, stumpfen Ecke aufweisen. Die Ergebnisse meiner Versuche zusammen mit einem von Stodola seinem Buche (4. Auflage, Abb. 82a) beigegebenen, ebenfalls durch Versuche gewonnenen Bilde von der Druckverteilung im Innern einer mit zu großem Druckverhältnis arbeitenden Lavaldüse lassen es als sehr wahrscheinlich erscheinen, daß im Schrägabschnitt der Leitradmündungen bei den größeren Druckgefällen der Dampfzustand längs eines von der Ecke ausgehenden

Radius ungefähr gleich ist. Das Bild Stodolas, das in Abb. 41 wiedergegeben ist, zeigt deutlich im Schrägabschnitt die von der stumpfen Ecke auslaufenden Isobaren und im Ringspalt die fast parallel zur Austrittskante verlaufenden Drucklinien. Mit Hülfe der theoretischen Ausführungen Dr. Th. Meyers in seiner Arbeit: »Ueber zwei dimensionale Bewegungsvorgänge in einem Gase usw.« — Mitt. über Forschungsarb. Heft 62 — läßt sich nun zeigen, daß unter

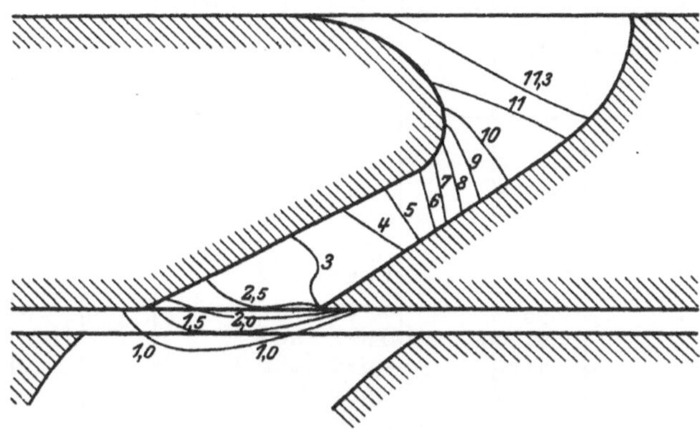

Abb. 41. Druckverteilung im Innern einer mit zu großem Druckverhältnis arbeitenden Laval-Düse.

der Annahme geradliniger Isobaren im Schrägabschnitt der an irgend einem Punkte des Schrägabschnittes sich einstellende »unveränderliche Druck« bedingt ist durch den Winkel, den der Radius vector nach der stumpfen Ecke mit der Senkrechten zur Achse des prismatischen Kanalteiles einschließt. Hieraus folgt aber — und meine Versuche bestätigen dieses Ergebnis auch —, daß die Anpassung der Leitradmündung an das Druckgefälle ebenfalls begrenzt ist und daß einer gegebenen Leitradmündung gleichfalls ein Höchstwert des in der Mündung ausnützbaren Druckgefälles zugeordnet ist, der freilich weit höher liegt als bei der einfachen Mündung. Dieser Höchstwert des Gefälles ist, was nach den vorstehenden Ausführungen als selbstverständlich erscheinen wird, durch den Neigungswinkel der Leitradmündung bestimmt. Der Schrägabschnitt verleiht also bei großen Druckverhältnissen der Zölly-Mündung den Charakter einer Lavaldüse. Durch die Wirkung des Schrägabschnittes können im Innern der Leitradmündungen tatsächlich Dampfgeschwindigkeiten bis rd. 800 m erzeugt werden, wobei noch eine weitere Steigerung der Geschwindigkeit, wie schon bei der einfachen Mündung erörtert, durch eine im freien Raum erfolgende Weiterexpansion erzielt werden kann. Ob es aber vorteilhaft ist, im Dampfturbinenbau von der Möglichkeit der Weiterexpansion des Dampfstrahles im Schrägabschnitt und im freien Raum Gebrauch zu machen, muß erst noch durch Versuche geklärt werden. Es ist freilich nicht unwahrscheinlich, daß der Wirkungsgrad des Schrägabschnittes in angemessenen Grenzen bleibt, da der Dampfstrahl in diesem doch einigermaßen geführt und geschützt ist. Unter Benutzung der von Dr. Th. Meyer a. a. O. mitgeteilten Grundlagen wird sich dann auch die Möglichkeit ergeben, die Wirkung des Schrägabschnittes rechnerisch zu verfolgen. Bei einer etwaigen Anwendung der Expansion im Schrägabschnitt an Dampfturbinen darf übrigens nicht vergessen werden, daß die Expansion im Schrägabschnitt eine Ablenkung des Dampfstrahles bewirkt (siehe Dr. Th. Meyer, a. a. O.) und daß im Laufradkanal genügend Querschnitt für den expandierten Dampfstrahl vorhanden sein muß; eine Stauung des Dampfes im Laufrade würde, wenn sie kräftig ist, doch störend auf die Expansion im Schrägabschnitt zurückwirken, auf alle Fälle aber nicht unbedeutende Energieverluste bedingen.

Zahlentafel 8.

Versuche an der Zölly-Leitradmündung Mod. I). Bestimmung des Mündungsdruckes und der Dampfaufnahme. (Meßloch Nr. 2.)

Zeit	Versuch Nr.	Druck p_1 at	Temperatur t_1 °C	Druckunterschied p_1-p_2 mm	Druckunterschied p_x-p_2 mm	Druckverhältnis $\frac{p_2}{p_1}$	Druckverhältnis $\frac{p_x}{p_1}$	ψ gemessen	ψ reduziert	$\frac{\Delta p}{p_1}$	c_1	c_0	φ	a	
13. 12. 1911	1	6,65	—	278,2		0,9475		0,887	0,884						Versuche an Mod. I: Kanäle 2, 3 u. 4 mit F = 3,905 qcm offen
	2	6,68	—	154,1		0,9711		0,664	0,662						
	3	6,65	—	238,3		0,9551		0,825	0,822						
	4	6,67	—	190,5		0,9642		0,735	0,732						
	5	6,66	—	2716		0,4888		1,918	1,912						
18. 12. 1911	6	6,65	—	223,4		0,9579		0,796	0,793						Versuche an Modell I: Kanäle 3 u. 4 mit F = 2,607 qcm
	7	6,66	—	281,1		0,9470		0,893	0,890						
	8	6,67	—	2280		0,5711		1,908	1,902						
	9	6,68	—	2727		0,4878		1,918	1,912						
	10	6,67	—	3784		0,2880		1,918	1,912						
	11	8,74	—	216,0		0,9690		0,685	0,683						
	12	8,70	—	362,2		0,9478		0,878	0,875						
	13	8,76	—	429,0		0,9386		0,948	0,945						
	14	8,66	—	3197		0,5372		1,903	1,897						
27. 12. 1911	15	6,66	—	389,6	+ 4	0,9266	0,9274	1,032	1,029	+0,0008	152,7	168,7	0,905	—	do.
	16	6,63	—	594,7	+ 10	0,8874	0,8893	1,251	1,247	+0,0019	192,1	213,0	0,902	—	
	17	6,66	—	808	+ 18	0,8477	0,8511	1,416	1,412	+0,0034	226,8	246,9	0,918	—	
	18	6,66	—	997	+ 22	0,8121	0,8162	1,538	1,533	+0,0041	—	—	—	—	
	19	6,66	—	1239	+ 32	0,7662	0,7722	1,663	1,658	+0,0060	289,8	311,2	0,931	—	
	20	6,64	—	1647	+ 40	0,6886	0,6962	1,816	1,810	+0,0076	346,9	367,8	0,943	—	
28. 12. 1911	21	6,68	—	1853	+ 46	0,6522	0,6608	1,855	1,849	+0,0086	—	—	—	—	do.
	22	6,68	—	2029	+ 74	0,6188	0,6327	1,887	1,881	+0,0139	392,8	412,6	0,952	—	
	23	6,68	—	2229	+ 98	0,5812	0,5996	1,908	1,902	+0,0184	—	—	—	—	
	24	6,68	—	2326	+ 120	0,5631	0,5856	1,911	1,905	+0,0225	426,3	447,0	0,954	450,8	
	25	6,67	—	3784	+1418	0,2880	0,5548	1,918	1,912	+0,2668	445,5	469,2	0,950	447,5	
28. 12. 1911	26	6,73	259,1	294,4	+ 29	0,9451	0,9505	0,899	0,895	+0,0054	145,9	160,3	0,910	—	do.
	27	6,70	258,1	1043	+ 67	0,8046	0,8172	1,558	1,549	+0,0126	285,0	307,7	0,926	—	
	28	6,69	253,7	1951	+ 97	0,6341	0,6523	1,870	1,860	+0,0182	—	—	—	—	
	29	6,68	260,3	2229	+ 99	0,5815	0,6001	1,909	1,899	+0,0186	—	—	—	—	
	30	6,67	257,9	2528	+ 147	0,5245	0,5522	1,925	1,915	+0,0277	—	—	—	—	
	31	6,67	253,0	2833	+ 345	0,4672	0,5321	1,925	1,915	+0,0649	—	—	—	—	
	32	6,67	250,4	3553	+1037	0,3315	0,5265	1,930	1,920	+0,1950	501,0	535,5	0,935	523,0	
	33	6,55	265,9	2747	+ 323	0,4738	0,5356	1,909	1,899	+0,0618	497,0	535,3	0,928	527,5	
	34	4,67	273,2	2777	+1002	0,2542	0,5235	1,932	1,922	+0,2693	516,5	547,5	0,943	532,0	

Die der Bestimmung der ψ-Kurve gewidmeten Versuche sind in Zahlentafel 8 enthalten; die daraus gewonnene Kurve, die auch hier für beide Dampfarten Gültigkeit hat, ist in den Abb. 42 und 43 neben der für die einfache Mündung erhaltenen Linie wiedergegeben. Ein Vergleich der ψ-Kurven für beide Mündungen zeigt, daß beide zwar denselben Charakter besitzen, daß aber die Linie für die Leitradmündung durchwegs unter der für die einfache Mündung geltenden Kurve liegt — der neue Wert von ψ_{max} ist mit 1,916 um etwa 6 vH kleiner als der oben gefundene Normalwert von 2,035. Die geringere Dampfaufnahme der Leitradmündung ist zweifellos auf einen größeren Reibungsverlust zurückzuführen; die in Zahlentafel 8 aufgeführten Werte für die Geschwindigkeiten im Endquerschnitte des prismatischen Kanalteiles und die in Abb. 44 gezeichneten Kurven für die Geschwindigkeitzahlen lassen dies klar erkennen. Der Umstand, daß die verwendeten Leitradmündungen im Gegensatze zu den einfachen Mündungen nur wenig bearbeitet waren, läßt dies auch als möglich erscheinen. Die am Modell II vorhandene plötzliche Einschnürung hatte übrigens, wie ich durch Versuche mit Modell II noch feststellte, keinen merkbaren Einfluß auf die Dampfströmung, die Dampfaufnahme und die mit der Mündung erzielten Geschwindigkeitzahlen. Eine Frage, die vorläufig nicht

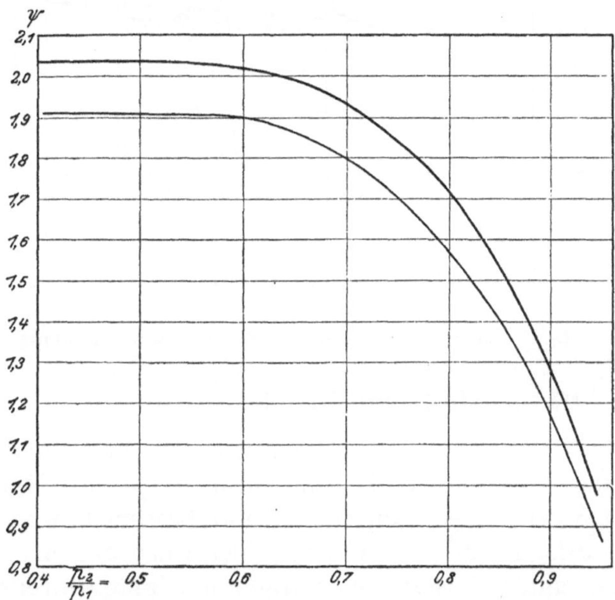

——— Versuchskurve für einfache Mündung, ——— Versuchskurve für Zölly-Mündung.

Abb. 42. Kurve des Ausflußfaktors ψ für die Zölly-Mündung.

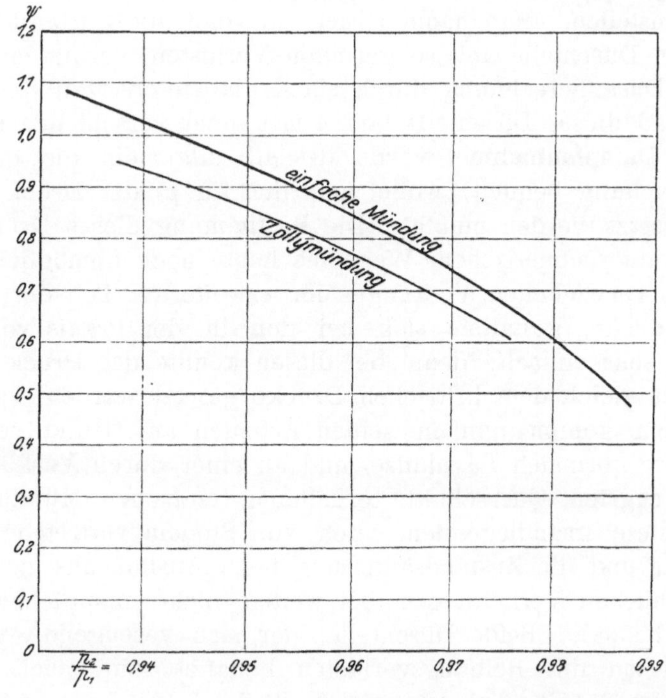

Abb. 43. Kurve des Ausflußfaktors ψ für die Zölly-Mündung II (Bereich der kleinen Druckgefälle).

beantwortet werden kann, bleibt auch hier wie bei der einfachen Mündung, wodurch das schon erwähnte Zusammenfallen der ψ-Kurven für gesättigten und überhitzten Dampf verursacht ist.

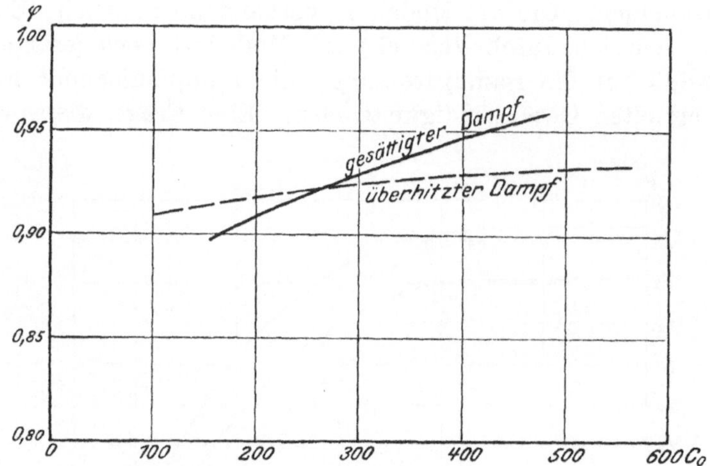

Abb. 44. Geschwindigkeitszahl ψ für die Zölly-Mündung.

III. Ausfluß aus Laval-Mündungen.

Die Dampfaufnahme der Laval-Mündung wird auf alle Fälle durch den sich verengenden Teil der Mündung und somit also durch den Dampfzustand vor der Düse und denjenigen im engsten Querschnitt bestimmt, wobei der Druck in diesem Querschnitt infolge der Saugwirkung der Düse den nach der Mündung herrschenden Druck unter Umständen beträchtlich unterschreitet. Dieser im engsten Querschnitte sich einstellende Druck sollte wie bei der einfachen Mündung niemals unter den kritischen Wert sinken, im äußersten Falle also bei gesättigtem Dampfe sich auf den Wert 0,577 p_1, bei überhitztem Dampfe auf den Wert 0,546 p_1 einstellen. Man nahm ferner an, daß die Zustandsänderung im sich verengenden Düsenteile mit so geringen Verlusten verbunden wäre, daß man sie für die Düsenberechnung durch eine Adiabate ersetzen könne, d. h. daß der Wirkungsgrad dieses Düsenteils von 1 fast nicht verschieden sei. Für die Berechnung der Dampfaufnahme wurde deshalb allgemein die de St. Venant-Wantzelsche Gleichung benutzt, wobei natürlich für p_2 der Druck an der engsten Stelle eingesetzt werden mußte. Die Bestimmung dieses Druckes, die für kleinere Gefälle auf rechnerischem Wege bis heute noch unmöglich ist und die dafür wegen des verwickelten Vorganges im erweiterten Teil der Düse höchst schwierig sein dürfte, gestaltete sich bei den in der Praxis vorkommenden normalen Fällen sehr einfach; denn bei diesen konnte der Druck an der engsten Stelle immer gleich dem kritischen Drucke gesetzt werden.

Dr. Christlein kommt nun in seinen Arbeiten auf Grund vergleichender Versuche an einer normalen Lavaldüse und an einer durch Verkürzung dieser Düse bis zum engsten Querschnitte erhaltenen einfachen Mündung zu dem Schlusse, daß diese grundlegenden, auch von Stodola vertretenen Annahmen über die Verluste und die Zustandsänderung beim Ausfluß aus der Laval-Mündung den tatsächlichen Verhältnissen bei weitem nicht entsprächen (s. Stodola, 4. Auflage S. 64 bis 68). Beide Düsenteile, der sich verengende wie der sich erweiternde, würden mit Reibungsverlusten behaftet sein; nach seinen Versuchen würde gerade der sich verengende Teil infolge des geringeren Mittelwertes der Dampfgeschwindigkeit in diesem Teile den weitaus größeren Beitrag zu den Gesamtverlusten der Düse liefern.

Für die älteren Annahmen sprechen aber die von Dr. Büchner in seiner Arbeit: »Zur Frage der Lavalschen Turbinendüsen« (Mitt. üb. Fschgsarb. Heft

18) veröffentlichten Versuchsergebnisse an Lavaldüsen. Büchner hat in dieser Arbeit ebenso wie ich die Geschwindigkeit in irgend einem Querschnitt auf Grund der Druckmessungen mit Hülfe der Kontinuitätsformel bestimmt. Er fand, daß der Dampf im sich verengenden Teil nahezu eine adiabatische Zustandsänderung erfährt (s. a. a. O. S. 96, Abb. 27 und 28), hält es allerdings selbst nicht für ausgeschlossen, daß dieser Befund nicht ganz den wirklichen Verhältnissen entspricht. In seiner Arbeit finden sich aber auch Angaben über den bei gesättigtem Dampfe gefundenen Druck im engsten Querschnitte (s. a. a. O. Zahlentafel 10a und die unten folgende Zahlentafel 12), die dort nicht weiter besprochen sind. Diesen Angaben gemäß erwies sich das Verhältnis

$$\frac{\text{Druck im engsten Querschnitt}}{\text{Druck vor der Mündung}}$$

als abhängig vom absoluten Werte des Anfangsdruckes, und zwar nahm, von einigen Unstimmigkeiten abgesehen, der Wert dieses Verhältnisses ab von rd. 0,573 bis auf rd. 0,553, blieb also unter dem theoretischen Werte von 0,577, während der Druck p_i von 12,80 auf 2,07 at herabgesetzt wurde. Der sich verjüngende Teil der von Büchner untersuchten Düse zeigte somit in dieser Hinsicht ein ähnliches Verhalten wie die bei meinen bisherigen Versuchen geprüften einfachen Mündungen (mit kurzem zylindrischen Ansatz) und Leitradmündungen.

Das aus Vorstehendem ersichtliche Auseinandergehen der Ansichten und die auffällige Uebereinstimmung der von Büchner und mir gewonnenen Versuchsergebnisse veranlaßten mich, meine Untersuchungen auch auf die Lavaldüse auszudehnen. Ich benutzte dazu den in Abb. 45 bis 48 abgebildeten

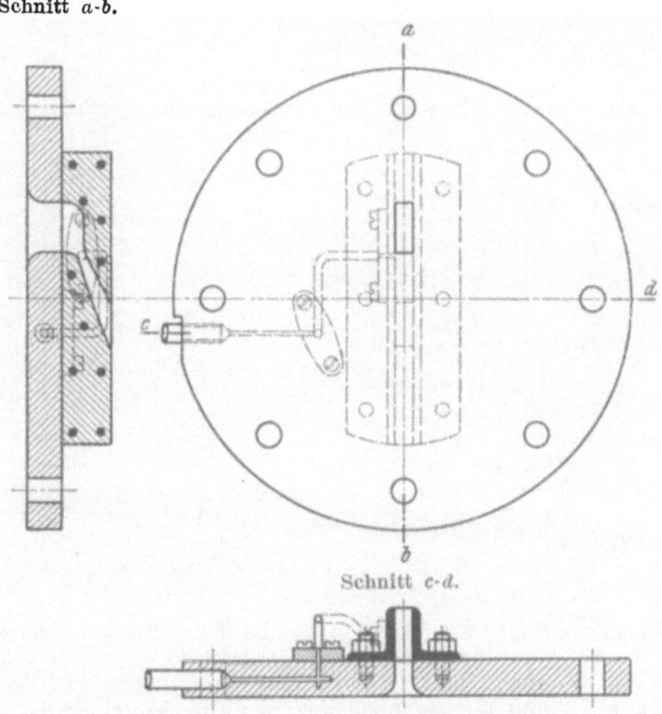

Abb. 45 bis 47. Laval-Mündung-Versuchskörper.

Versuchskörper. In Anlehnung an die neuere Ausführungsform der im praktischen Turbinenbau verwendeten Düsen war die in den Versuchskörper eingebaute Düse mit gekrümmter Kanalachse an allen Stellen mit rechteckigem Querschnitte ausgeführt. Zur Vereinfachung der Herstellungsarbeit war außerdem die Höhe der Düse längs der Achse stetsgleich gehalten.

Die mit dem am Ende des sich erweiternden Düsenteiles, aber noch innerhalb des ringsum geschlossenen Kanalteils liegenden Meßloch Nr. 1 ausgeführten Versuche (Nr. 1 bis 15 der Zahlentafel 9) lieferten in der zeichnerischen Darstellung eine ähnliche Kurve, wie ich sie für die Punkte im Schrägabschnitt der Leitradmündungen erhalten habe (s. Abb. 49 und zum Vergleiche die Abb. 35 bis 40). Es beweist dies aufs neue, daß eben der Schrägabschnitt der Leitradmündungen die Stelle des sich erweiternden Düsenteiles vertritt. Aus den für das Verhältnis $\frac{p_x}{p_1}$ berechneten Zahlen (s. d. Zahlentafel) geht hervor, daß sich der Druck

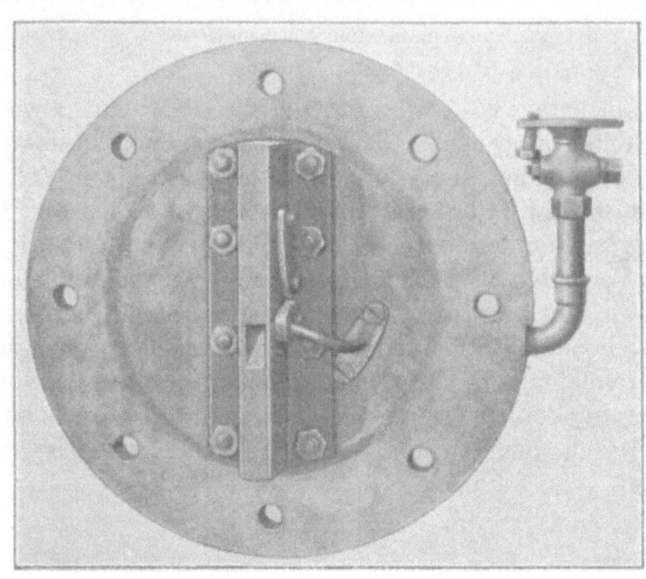

Abb. 48. **Laval-Mündung mit der Einrichtung zur Druckmessung.**

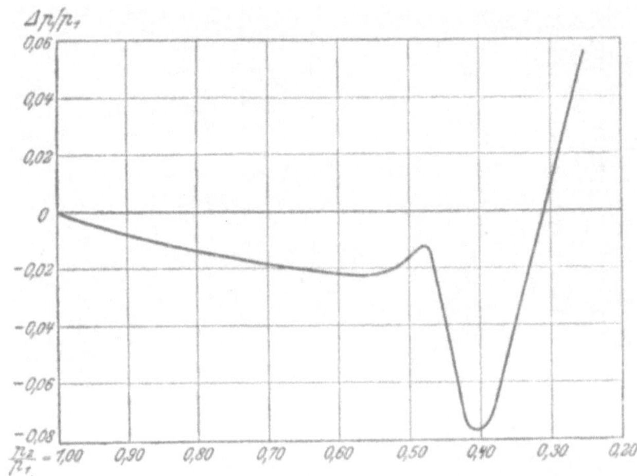

Abb. 49. **Laval-Mündung. Meßloch Nr. 1 am Austritt. Die Versuche wurden mit gesättigtem Dampf ausgeführt.**

an der Meßstelle Nr. 1 bei Unterschreitung des Druckverhältnisses $\frac{p_2}{p_1} = \infty 0{,}308$ nicht mehr ändert. Es entspricht dies der bekannten Tatsache, daß auch innerhalb des geschlossenen Kanalteiles der Lavaldüse das Druckgefälle über einen bestimmten, von den Abmessungen abhängigen Wert hinaus nicht mehr ausgenutzt wird. Im Schrägabschnitt der Lavaldüse kann dann wie bei den Leitradmündungen noch ein weiterer, durch die Abmessungen ebenfalls fest-

Zahlentafel 9.
Versuche an der Lavaldüse. Druckmessungen.

Zeit	Versuch Nr.	Druck p_1 at	Temperatur t_1 °C	Druck-unter-schied $p_1 - p_2$ mm	Druck-unter-schied $p_x - p_1$ mm	Druck-ver-hältnis $\frac{p_2}{p_1}$	Druck-ver-hältnis $\frac{p_x}{p_1}$	Druck-ver-hältnis $\frac{\Delta p}{p_1}$
10. 4. 1912	1	6,72	—	409	— 33	0,9237	0,9175	—0,0062
	2	6,68	—	705	— 58	0,8676	0,8567	—0,0109
	3	6,67	—	1089	— 80	0,7952	0,7802	—0,0150
	4	6,67	—	1606	— 96	0,6982	0,6802	—0,0180
	5	6,67	—	1918	— 100	0,6394	0,6206	—0,0188
	6	6,67	—	2199	— 116	0,5864	0,5646	—0,0218
	7	6,67	—	2458	— 120	0,5378	0,5152	—0,0226
	8	6,66	—	2548	— 120	0,5209	0,4983	—0,0226
	9	6,68	—	2760	— 39	0,4816	0,4743	—0,0073
	10	6,67	—	2910	— 150	0,4528	0,4246	—0,0282
	11	6,67	—	3118	— 405	0,4135	0,3373	—0,0762
	12	6,68	—	3288	— 390	0,3824	0,3092	—0,0732
	13	6,67	—	3429	— 256	0,3553	0,3072	—0,0481
	14	6,66	—	3609	— 60	0,3204	0,3091	—0,0113
	15	6,68	—	3889	+ 202	0,2698	0,3077	+0,0379
10. 4. 1912	16	6,62	—	161,5	— 112	0,9694	0,9482	—0,0212
	17	6,65	—	289,5	— 214	0,9454	0,9050	—0,0404
	18	6,65	—	438	— 340	0,9174	0,8532	—0,0642
	19	6,70	—	487,5	— 380	0,9087	0,8375	—0,0712
	20	6,64	—	623	— 545	0,8823	0,8793	—0,1030
	21	6,64	—	749	— 705	0,8584	0,7251	—0,1333
	22	6,65	—	928	— 850	0,8222	0,6594	—0,1628
	23	6,64	—	1081	—1199	0,7958	0,5692	—0,2266
	24	6,65	—	1261	—1020	0,7621	0,5695	—0,1926
	25	6,64	—	1522	— 754	0,7125	0,5699	—0,1426
	26	6,64	—	1788	— 490	0,6622	0,5696	—0,0926
	27	6,65	—	2094	— 287	0,6047	0,5694	—0,0353
	28	6,59	—	2292	+ 30	0,5636	0,5693	+0,0057
	29	6,64	—	2639	+ 360	0,5014	0,5694	+0,0680
	30	6,66	—	2950	+ 660	0,4444	0,5687	+0,1243
	31	6,65	—	3301	+1018	0,3772	0,5693	+0,1921

gesättigter Dampf. Meßloch Nr. 1 am Austritt, jedoch noch innerhalb des geschlossenen Randes. Fläche des Meßlochquerschnittes $F = 2{,}108$ qcm

Meßloch Nr. 1

Meßloch Nr. 2

$$\left(\frac{p_x}{p_1}\right)_{\text{krit.}} = 0{,}308$$

gesättigter Dampf. Meßloch Nr. 2 an der engsten Stelle. Fläche des Querschnittes an der engsten Stelle $F = 1{,}559$ qcm

$$\left(\frac{p_x}{p_1}\right)_{\text{krit.}} = 0{,}569$$

Vergrößerungsziffer $= \frac{p_1 - p_2}{p_x - p_2}$	Versuch Nr.
1,69	16
1,74	17
1,77	28
1,78	19
1,875	20
1,94	21
1,92	22
2,015	23

gelegter Teil des Druckgefälles umgesetzt werden; außerdem ist auch hier wie bei den anderen Mündungen die Möglichkeit der Expansion im freien Raume (d. i. bei den Turbinen im Spalt und im Laufrad) gegeben. Die unter Nr. 16 bis 32 aufgeführten Versuchswerte wurden an dem im engsten Querschnitt angebrachten Meßloch Nr. 2 gewonnen. Der feste Wert des Druckverhältnisses $\frac{p_x}{p_1}$ ergab sich dabei zu 0,569 und stimmt so genau mit dem von Büchner für denselben Druck ermittelten Wert überein (s. a. a. O. Zahlentafel 10a). Der von dem Düsenerweiterungsverhältnis abhängige kritische Wert des Gegendruckverhältnisses, d. h. der Wert des Verhältnisses $\frac{p_2}{p_1}$, bei dem sich eben der unveränderliche Druck an der engsten Stelle ausbildet, betrug rd. 0,80. In die Zahlentafel 9 wurde für die Versuche 16 bis 23 noch die sogen. Vergrößerungszahl $\frac{p_1 - p_x}{p_1 - p_2}$ eingetragen; diese Zahl, die ein Maß für die Diffuserwirkung der Düse darstellt und die bei der Berechnung der Dampfaufnahme der Düse bei den kleineren Druckgefällen eine wichtige Rolle spielen könnte, sollte nach Bendemann annähernd unveränderlich sein, welche Ansicht sich auch darin ausdrückt, daß er sie als Vergrößerungskonstante bezeichnet. Bei meinen Versuchen dagegen nahm sie mit größer werdendem Spannungsabfall um etwa 20 vH zu und kann deshalb keinesfalls als unveränderliche Größe angesehen werden. Es mag nun sein, daß, wie Bendemann bei einer Besprechung der von Stodola ausgeführten Versuche angibt, diese Veränderlichkeit der Vergrößerungszahl davon herrührt, daß für p_x nicht der geringste Druck längs des Strahles, sondern nur der vielleicht davon abweichende Druck an der engsten Stelle eingesetzt wurde. Ob aber ein Ort für die Meßstelle gefunden werden kann, an dem bei allen Druckverhältnissen immer der jeweils geringste Druck längs des Strahles auftritt, erscheint mir im Gegensatz zu Bendemann als zweifelhaft.

Ich habe dann noch 2 Versuche ausgeführt, bei denen außer dem Drucke in Meßstelle 1 und 2 auch noch die Dampfaufnahme der Düse bestimmt wurde. Neben diesen Beobachtungswerten enthält die Zahlentafel 10 die durch Rechnung ermittelten Werte für die Geschwindigkeiten c_1, c_0 und a und die Geschwindigkeitszahl $\varphi = \frac{c_1}{c_0}$. Aus einem Vergleiche der beiden in der Zahlentafel 10 aufgeführten Werte von φ, wobei der in der ersten Zeile (0,919) für den Mündungs-

Zahlentafel 10.

Versuch Nr.	Druck p_1	Temperatur t_1	Druckunterschied $p_1 - p_2$ mm	Druckverhältnis $\frac{p_2}{p_1}$	ψ gemessen	ψ reduziert	Druckunterschied $p_1 - p_x$ mm	Druckverhältnis $\frac{p_x}{p_1}$	c_1	c_0	φ	a
1	6,68	$x_1 = 1$	3889	0,2698	2,040	2,033	Meßstelle 1 : 3687	0,3077	597,5	650,2	0,919	—
2	6,65	$x_1 = 1$	3301	0,377	2,038	2,031	Meßstelle 2 : 2283	0,5693	462,6	461,4	1,003	451,5

querschnitt und der in der zweiten (1,003) für den engsten Querschnitt gilt, geht unzweifelhaft hervor, daß bei der hier untersuchten Lavaldüse mit gekrümmter Kanalachse der Düsenteil bis zum engsten Querschnitt einen ähnlich hohen Wert für φ aufweist wie die einfache Mündung, und daß die Verschlechterung dieses Wertes von φ auf den niedrigen für den Austrittsquerschnitt gefundenen Wert von 0,919 einzig und allein vom sich erweiternden Düsenteile herrührt. Dieses in krassem Gegensatze zu der Christleinschen These stehende Ergebnis beweist klar, daß die bis heute für die Düsenberechnung benutzten, eingangs erwähnten Annahmen sich nicht allzu sehr von der Wirklichkeit entfernen. Diese Annahmen bedürfen nach meinen Versuchen nur insofern einer Berichtigung, als dadurch bewiesen wurde, daß im engsten Düsenquerschnitte in gleicher Weise wie im Mündungsquerschnitte der einfachen Mündung mit kurzem zylindrischem Ansatz der Druck etwas unter den von der Theorie geforderten kritischen Wert herabsinkt und daß die Dampfaufnahme der Lavaldüse nicht nach der de St. Venant-Wantzelschen Formel, sondern nur mit Hülfe einer durch Versuche gewonnenen ψ-Kurve berechnet werden kann. Aus dem durchweg ähnlichen Verhalten des sich verengenden Düsenteiles und der einfachen Mündung ist ferner zu schließen, daß auch bei der Lavaldüse die ermittelte ψ-Kurve zugleich für gesättigten und überhitzten Dampf Gültigkeit hat. Zum Beweise für die Richtigkeit dieser Folgerung füge ich Zahlentafel 11 an, die aus Versuchswerten gebildet ist, welche den Arbeiten von Dr. Christlein entnommen sind, und deren Mittelwert für ψ_{max} recht gut mit dem von mir gefundenen Wert übereinstimmt.

Zahlentafel 11.

Düse Nr. 1 mit $F_{min} = 1{,}764$ qcm.

Versuch Nr.	Druck p_1	Temperatur t_1	Dampfgewicht g kg/sk	Ausflußzahl ψ_{max} (nicht reduziert)	
1	6,025	159	0,1557	2,040	im Mittel **2,043**
2	6,02	211	0,1464	2,074	
3	6,02	263	0,1360	2,015	
4	6,02	314	0,1315	2,042	

Gegen das von mir benutzte Verfahren, die Geschwindigkeit in einem Querschnitte mit Hülfe der Kontinuitätsformel zu berechnen, könnte bei der Lavaldüse der Einwand erhoben werden, daß die Geschwindigkeit im Querschnitt entgegen meiner Annahme keineswegs überall gleich sein wird, und daß die Geschwindigkeit im Innern des Dampfstrahles viel größer sein kann als am Strahlumfang. Meines Erachtens hat dieser Einwand nur eine gewisse Berechtigung für den erweiterten Teil der Lavaldüse, wo, wie die Versuche von Andres (s. Andres, »Versuche über die Umsetzung von Wassergeschwindigkeit in Druck« — s. Mitt. über Forschgsarb. Heft 76) für Wasser gezeigt haben, der Energieaustausch zwischen den einzelnen Teilen zu wünschen übrig läßt. An den obigen, aus den Versuchen gezogenen Schlußfolgerungen wird aber dadurch nichts geändert.

Die vorstehenden Ausführungen werden auch noch durch die untenstehende Zahlentafel Nr. 12 bestätigt, die zum Teil aus der schon erwähnten Zahlentafel 10a der Büchnerschen Arbeit gebildet ist und nur noch einige rechnerisch ermittelten Größen enthält.

Zahlentafel 12.

Versuche von Büchner an Lavaldüse Nr. 2a.

Versuch Nr.	Anfangsdruck p_0	Druck p_1 an der engsten Stelle	$\frac{p_1}{p_0}$	w_1	$w_{theor.}$	$\varphi_1 = \frac{w_1}{w_{theor.}}$	a	p_5	$\frac{p_5}{p_1}$	$\varphi_5 = \frac{w_5}{w_{theor.}}$	p_6 = Druck nach der Mündung
1	12,80	7,34	0,573	465,5	459,8	1,012	461,5	1,78	0,1391	0,928	0,96
2	11,28	6,50	0,577	464,2	453,2	1,024	460,8	1,57	0,1393	0,930	0,96
3	10,36	5,84	0,564	470,2	465,3	1,010	458,2	1,46	0,1410	0,926	0,97
5	8,24	4,75	0,577	459,4	452,4	1,015	456,3	1,17	0,1421	0,928	0,97
11	2,07	1,15	0,553	456,8	448,2	1,019	437,2	0,94	0,454	0,516	1,02

Meßpunkt 5 lag an der Mündung des sich erweiternden Düsenteiles.

Ein Vergleich der in dieser Zahlentafel mitgeteilten Werte von φ für den Querschnitt 1 (φ_1) und für den Querschnitt 5 (φ_5) und auch der übrigen Zahlen mit meinen entsprechenden Ziffern zeigt eine sehr befriedigende Uebereinstimmung der einzelnen Größen.

Die vorliegende Arbeit hat zu Ergebnissen geführt, die insbesondere für den Dampfturbinenbau von Wichtigkeit sind. Ich will nicht weiter darauf eingehen, daß sich unter Umständen die bei den Zölly-Mündungen festgestellte Möglichkeit einer Expansion im Schrägabschnitt dazu benutzen läßt, Turbinen mit kleiner Räderzahl zu bauen, die einen höheren Wirkungsgrad und ein günstigeres Verhalten bei der Regelung aufweisen als die nur mit Lavaldüsen ausgestatteten Turbinen, sondern nur noch kurz die Rückwirkung der bei den einzelnen Elementen beobachteten Erscheinungen und Gesetzmäßigkeiten auf die bei der Bemessung der Dampfturbinen verwendeten Berechnungsverfahren besprechen. Die bei den Versuchen gefundenen Tatsachen, daß bei sämtlichen im Dampfturbinenbau verwendeten Mündungen der Wert des Ausflußfaktors ψ bei einem bestimmten Druckverhältnis $\frac{p_2}{p_1}$ unabhängig von dem Grade der Ueberhitzung ist, und daß der in dem Austrittquerschnitte festgestellte Druck selbst schon bei kleinen Druckgefällen beträchtlich vom Drucke nach der Mündung abweichen kann, haben zur Folge, daß die bis heute üblichen, auf der de St. Venant-Wantzelschen Annahme beruhenden Berechnungsverfahren für genauere Berechnungen abgeändert werden müssen. Dies gilt selbstverständlich auch für die mit dem *TS*- oder *IS*-Diagramm arbeitenden Rechnungsverfahren.

Diese Abänderung, bei der sowohl die Abweichung des Mündungsdruckes als auch diejenige der Dampfaufnahme von den theoretischen Werten zu berücksichtigen ist, muß sich bei den Berechnungsverfahren einerseits bei Bestimmung der Dampfgeschwindigkeit und des erzielten Stufenwirkungsgrades, anderseits bei der Festsetzung der Schaufelquerschnitte geltend machen. Man wird hier wohl mit Vorteil von Kurven Gebrauch machen, die durch Versuche ermittelt sind und die mit dem betreffenden Schaufelmodell erreichten Werte der Geschwindigkeit c_1 und des Ausflußfaktors ψ in Abhängigkeit vom Druckverhältnis $\frac{p_2}{p_1}$ wiedergeben.

Zusammenfassung.

Im Vorstehenden wird über Ausflußversuche mit Wasserdampf berichtet, die an den praktisch wichtigsten Mündungsformen — der einfachen Mündung, der Zölly- und der Laval-Mündung — angestellt, und bei denen besonders die Dampfaufnahme und der Druckverlauf im Innern der Mündungen bestimmt wurden.

Im 1. Kapitel wird die einfache Mündung behandelt. Die Versuche ergeben in Uebereinstimmung mit der Bendemannschen Arbeit nur eine Kurve des Ausflußfaktors ψ, während die Zeunersche Theorie zwei getrennte Kurven verlangt; sie bestätigen außerdem, daß die Dampfaufnahme der einfachen Mündung bei großen Druckgefällen und gesättigtem Dampf den theoretisch möglichen Wert übersteigt. Es wird dann gezeigt, daß zur Bestimmung der Ursache dieser »übergroßen Dampfaufnahme« noch zurzeit nicht durchführbare Messungen verschiedener Größen nötig sind. Es wird ferner dargelegt, daß die de St. Venant-Wantzelsche Annahme über den Mündungsdruck einer Berichtigung bedarf, da sich herausstellt, daß der Mündungsdruck vom theoretischen Wert nicht unbeträchtlich abweichen kann. Entgegen den Feststellungen Dr. Christleins wird aus den Versuchen noch gefolgert, daß die Strahlgeschwindigkeit innerhalb der Mündung einen Wert von 700 bis 800 m unmöglich erreichen kann, und daß die Höchstwerte dieser Strahlgeschwindigkeit ungefähr mit der Schallgeschwindigkeit übereinstimmen.

Im 2. Kapitel wird gezeigt, daß mit der Zölly-Mündung tatsächlich Austrittsgeschwindigkeiten bis zu 800 m erzielt werden können. Die Versuche ergeben aber, daß diese wertvolle Eigenschaft der Zölly-Mündung nur auf die Wirkung des Schrägabschnittes zurückzuführen ist, und daß auch bei dieser wie bei den übrigen Mündungen das Druckgefälle innerhalb der Mündung nur bis zu einem gewissen Höchstwert ausgenutzt wird.

Im 3. Kapitel werden einige an einer Laval-Mündung mit gekrümmter Kanalachse gewonnenen Versuchsergebnisse mitgeteilt, aus denen hervorgeht, daß der konvergente Teil der Laval-Düse sich fast ebenso wie die einfache Mündung verhält, und daß in Bestätigung der bisherigen Annahmen der konvergente Düsenteil ganz geringe und der divergente verhältnismäßig große Reibungsverluste aufweist.

In einem Anhang wird noch ausgeführt, daß wegen der festgestellten Abweichungen von der Theorie die bisher angewandten Verfahren zur Berechnung der Dampfturbinen etwas abgeändert werden müssen.

München, im August 1912.

An die Veröffentlichung des Auszuges dieser Arbeit in Z. 1913 S. 60 u. f. hat sich ein Zuschriftenwechsel zwischen dem Verfasser und Hrn. Dr. Christlein, Nürnberg, geknüpft, s. Z. d. V. d. I. 1913 S. 832, der uns wegen der Bedeutung und der Schwierigkeit der behandelten Frage wert erschien, in erweiterter Form auch hier zum Abdruck zu kommen.

Die Schriftleitung.

Sehr geehrte Redaktion!

Im Anschluß an den vorstehenden Aufsatz erlaube ich mir folgende Bemerkungen zu machen:

Entgegen der Darstellungsweise von Dr. Loschge habe ich niemals behauptet, daß innerhalb einer einfachen Mündung Geschwindigkeiten von 700 bis 800 m/sk erreichbar sind, wohl aber habe ich festgestellt, daß sich mit einfachen Mündungen 700 bis 800 m/sk erreichen lassen, wobei dann selbstverständlich der Fall der Expansion in den freien Raum (Spaltexpansion) vorliegt [1]).

Ferner habe ich nachgewiesen, daß in der engsten Stelle einer Mündung (oder einer Düse) ein wesentlich kleinerer Druck als der sogenannte kritische Druck (z. B. $p_m = 0{,}577\, p_1$ bei Sattdampf) auftritt, infolge des Vorhandenseins von Widerständen. In meiner Veröffentlichung (Z. f. Turbinenw. 1912 S. 196) habe ich beispielsweise ermittelt: $p_{m4} = \frac{3{,}24}{6{,}02} p_1 = 0{,}539\, p_1$, wobei die Düse bis zur engsten Stelle ganz unbearbeitet war.

Hr. Dr. Loschge findet durch direkte Druckmessung bei einer wahrscheinlich vorzüglich bearbeiteten einfachen Mündung, S. 20, ebenfalls den Wert $p_x = 0{,}539\, p_1$. Aeußerlich wäre ja wohl eine vorzügliche zahlenmäßige Uebereinstimmung in beiden Fällen festzustellen. Doch will ich damit keinesfalls ausdrücken, daß die Messungen von Dr. Loschge ganz einwandfrei sind. Bekanntlich ist die Druckmessung am Düsenrand oder in der Strahlmitte mit den größten Schwierigkeiten verbunden. Dr. Büchner berichtet in Heft 18 der Mitteilungen über

[1]) Z. d. V. d. I. 1911 S. 2085 Spalte 1; Z. f. d. ges. Turbinenw. 1912 S. 33, 151.

Forschungsarbeiten S. 89 u. f. sehr ausführlich über den Einfluß der Manometermündung auf die Druckablesung und weist durch Versuche nach, daß alle Manometermündungen mit scharfer Kante wegen der auftretenden Saugwirkung durchweg zu niedrige Drücke anzeigen (Fehler 0,2 bis 0,3 kg/qcm).

Infolge dieser unvermeidlichen Fehler sind auch alle aus der Druckmessung gezogenen Folgerungen hinfällig, und das widersinnige Ergebnis $\varphi = \frac{w}{w_0} > 1$ bei Sattdampf dürfte in erster Linie darauf zurückzuführen sein. Auch die gewonnenen Werte $\varphi = 0{,}98$ für überhitzten Dampf bei den in Betracht kommenden Drücken und Geschwindigkeiten halte ich aus den gleichen Gründen für zu hoch (vergl. die später folgenden Ausführungen über Reibung in Düsen usw.).

Dagegen liefern die von verschiedenen Seiten vorgenommenen Messungen des Aktions- und Reaktionsdruckes ganz gleichartige und sehr gut übereinstimmende Ergebnisse, welche außerdem auch mit den an laufenden Maschinen gewonnenen Ergebnissen recht gut übereinstimmen (Z. f. Turbinenw. 1912 S. 141).

Bei der Kritik der Reaktionsmessung weist Dr. Loschge auch auf die falschen Rechnungen von Eisner (Z. f. Turbinenw. 1912 S. 138) hin, die ja nicht einmal den einfachsten physikalischen Gesetzmäßigkeiten genügen (Z. f. Turbinenw. 1912 S. 243).

Eine weitere Klärung der Frage der Reaktionsdruckmessung hat in neuester Zeit P. Wagner in seinem Buche: »Der Wirkungsgrad von Dampfturbinen-Beschaufungen[1]« versucht.

Die dort angestellten Näherungsrechnungen sind, im Gegensatz zu den Rechnungen von Eisner, mit großer Wahrscheinlichkeit zutreffend, wenn auch in diesen Ausführungen noch einige physikalische Unmöglichkeiten enthalten sind. Wagner schreibt nämlich u. a. wie folgt:

»Da aber die Kontinuität der Strömung beim Austritt verloren geht, indem F plötzlich ∞ wird, kann nie eine volle Ausnutzung des Strömungsrückdruckes und auch nicht die Entfaltung der vollen im Druckgefälle verfügbaren Strömungsgeschwindigkeit eintreten.«

Diese Ausführungen und ebenso die weiterhin daraus gezogenen Schlußfolgerungen treffen natürlich nicht zu, wie schon eine kritische Betrachtung der Strahlbilder des Verfassers bei ausgesprochener Spaltexpansion und zunehmendem Druckgefälle zeigt. Aus meinen bisherigen Erfahrungen und umfassenden Beobachtungen möchte ich nämlich besonders hervorheben, daß die Gültigkeit der Kontinuitätsgleichung und des Energiegesetzes nicht deswegen aufhört, weil die Düse, durch welche die Ausströmung erfolgt, endliche Abmessungen hat und mit einem bestimmten Querschnitt aufhört; vielmehr beziehen sich alle bisher abgeleiteten Gesetzmäßigkeiten der Größen (p, v, f usw.) beim Ausströmen elastischer Flüssigkeiten immer auf die Strahlquerschnitte selbst, nicht immer aber auf die zufälligen »Düsenquerschnitte«. Welche weittragende Bedeutung die Unterscheidung zwischen »Strahlquerschnitt« und »Düsenquerschnitt« für die gesamte Auffassung der Strömungsvorgänge haben kann, werde ich an anderer Stelle ausführlich mitteilen.

Zu den weiteren Versuchen des Hrn. Dr. Loschge an der neuen scharfkantigen Mündung Nr. VI möchte ich Folgendes bemerken:

Hr. Dr. Loschge gibt anfänglich selbst zu, daß hierbei eine erhebliche Strahlkontraktion aufgetreten ist und, wie sich aus dem Vergleich aller gemessenen Zahlenwerte feststellen läßt, ergibt sich ungefähr ein Kontraktions-Koeffizient $\alpha = \frac{1{,}704}{2{,}03} = \infty\ 0{,}84$, was mit den Versuchen von Gutermuth an einer ähnlichen

[1]) Verlag Springer 1913.

Mündung (vergl. Stodola 1910 S. 86) gut übereinstimmt; dagegen glaubt Hr. Dr. Loschge, wie aus seinen Angaben mit Sicherheit zu schließen ist, daß ein kontrahierter Strahl den Düsenquerschnitt sofort wieder ganz ausfüllt.

Hr. Dr. Loschge hat sich aber keinesfalls ein Urteil darüber gemacht, auf welchen Bereich eine Kontraktion des Strahles stattfinden kann, obwohl aus früheren Versuchen von Professor Stodola, welcher den Druckverlauf in den aufeinander folgenden Querschnitten in der Achse (und nicht bloß an 2 willkürlichen Meßstellen am Düsenrand) bestimmte (Dampfturbinen 1910 S. 85 Abb. 62), geschlossen werden kann, daß diese Strahlkontraktion fast während des ganzen Durchflusses der scharfkantigen zylindrischen Mündung vorhanden ist. Die Kurven *E* und *F* der Abb. 62 zeigen, daß auf eine verhältnismäßig große Strecke der Druck nahezu konstant = 4,2 bis 4,4 at ist.

Endlich ist der von Dr. Loschge angegebene Mündungsdruck an Meßstelle 1 nach meiner Auffassung noch nicht der eigentliche Druck in der Mündungsebene, da, wie aus obigen Veröffentlichungen hervorgeht, meistens eine ganz wesentliche Druckabsenkung in unmittelbarer Nähe der eigentlichen Mündungsebene auftritt, z. B. findet bei Kurve *E*, Abb. 62, auf die Strecke von rd. 1 mm vor Mündungsebene eine Drucksenkung von rd. 4,3 auf 3,7 at statt.

Aus allen diesen Gründen ist, da der Strahlquerschnitt F_s keinesfalls gleich dem Düsenquerschnitt F ist, vielmehr der Strömungsvorgang bei der Mündung VI ähnlich, wie in beiliegender Abb. 1 angedeutet, der Wirklichkeit nahekommen dürfte die Berechnung der Geschwindigkeitskoeffizienten φ in Zahlentafel 6 falsch. Die

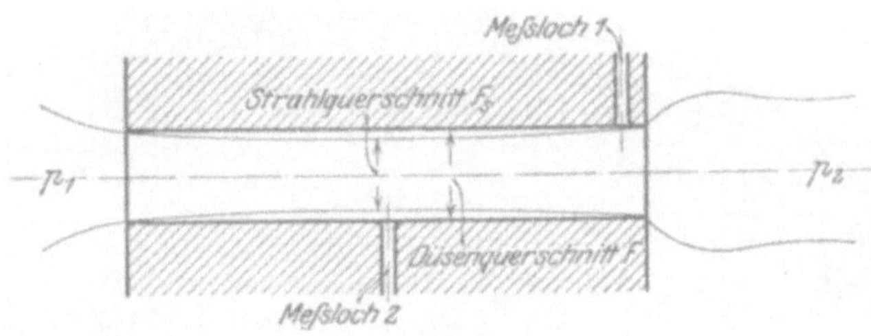

Abb. 1.

Zahlenwerte des Geschwindigkeitskoeffizienten φ sind daselbst viel zu niedrig angegeben, da in der Kontinuitätsgleichung $c = \frac{Gv}{F}$ statt des Strahlquerschnittes F_s der zu große Düsenquerschnitt F eingesetzt wurde. Nach meinen Beobachtungen sind die bei Strahlkontraktion auftretenden Strömungsverluste nicht bedeutend, sobald man die richtigen Betriebsverhältnisse wählt.

Zur weiteren Beurteilung dieser Messungen und der Schlußfolgerungen von Dr. Loschge möchte ich noch auf eine Aeußerung von Professor Stodola (Dampfturbinen 1910 S. 82) hinweisen, wo es heißt: »Immerhin ist zu beachten, daß die Formel für die kontrahierte Stelle nur annäherungsweise zutrifft, indem der Strah nicht allseitig durch feste Wandungen begrenzt ist, mithin der Druck in der Mitte und am Rand merklich verschieden sein wird«.

Von »zwingenden Beweisen« für die Richtigkeit der Anschauungen und Rechnungen des Hrn. Loschge kann nach alledem wohl keine Rede sein, selbst wenn auch zwischen den Meßstellen 1 und 2 ein Druckabfall beobachtet wurde.

Der zweite Teil der Messungen von Dr. Loschge an Zoelly-Leitapparaten ergibt nun im allgemeinen eine völlige Bestätigung meiner Versuchsergebnisse. Die von mir seinerzeit gegebene Erklärung (Z. 1911 S. 2086), daß nämlich höchstwahrscheinlich im Innern einer Leitvorrichtung eine Kontraktion des Strahles auftritt, wodurch dann wesentliche Drucksenkungen, verbunden mit großen Ueberschreitungen der kritischen Geschwindigkeiten, bedingt werden, halte ich vollständig aufrecht und stütze mich dabei auf die umfassenden, sehr anschaulichen vergleichenden Druckmessungen von Professor Stodola (»Die Dampfturbinen« 1910 S. 95 und 97).

Durch Entgegenkommen der Firma Brown, Boveri & Cie.[1]) bin ich ferner in der Lage, den augenscheinlichen Nachweis für das Bestehen erheblicher Strahlkontraktionen in parallelwandigen Leitvorrichtungen geben zu können.

Aus der beifolgenden Abb. 2 ist die Konstruktion dieser parallelwandigen Leitvorrichtungen zu ersehen. In den Ring *A* sind die Leitkanäle eingefräst; der

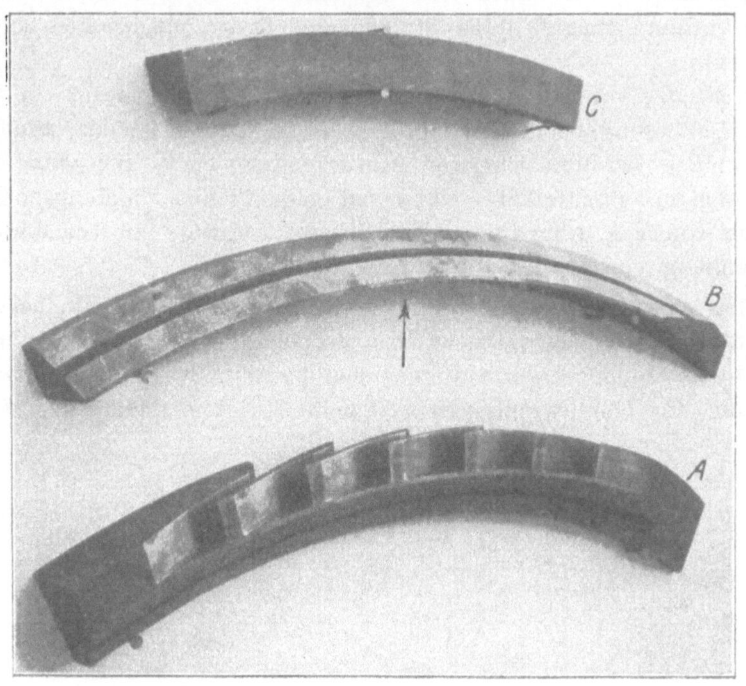

Abb. 2.

Deckring *B* schließt die Kanäle oben ab; durch das Ringsegment *C* wird der Ring *B* fest an die Schaufelstege des Ringes *A* angepreßt, um eine Abdichtung zu erzielen. Diese Leitvorrichtung war bei einer Anzapfturbine eingebaut, derart, daß vor und nach der Leitvorrichtung dauernd ein bestimmtes Druckverhältnis $\frac{p_2}{p_1} < 0{,}545$ vorhanden war. Nach $^1/_2$jährigem Betrieb wurde die Leitvorrichtung von der Firma Brown, Boveri & Cie. ausgebaut, und man stellte fest, daß eine ganz erhebliche Strahlkontraktion eingetreten ist. Der Leitapparat mit dem konstruktiv festgelegten Querschnittsverhältnis $\frac{F}{F_m} = 1$ hat also während des Betriebes wie eine erweiterte Düse mit Querschnittsverhältnis $\frac{F}{F_{ms}} > 1$ gewirkt.

Besonders schön läßt sich der Nachweis hierzu bringen durch Abb. 3, woselbst der Deckring *B* in Richtung des Pfeiles photographiert wurde. Man sieht deutlich die Abdrücke der Stege und Leitschaufeln. Die hellen Flecken *a*, Fig. 4, an den Abdrücken der Leitschaufeln zeigen die Stellen, an welchen eine gute Abdichtung vorhanden war. Weiterhin erkennt man deutlich am Rücken der Leitschaufeln dunkle Stellen *b*,

[1]) Für die Ueberlassung der folgenden Photos und die Genehmigung der Veröffentlichung sei an dieser Stelle der Firma Brown, Boveri & Cie. bestens gedankt.

welche sich vom Einlauf an auf ein beträchtliches Stück durch den Leitkanal hindurchziehen. Diese Stellen *b* waren an der Oberfläche matt und beschlagen, ein Zeichen, daß der strömende Dampf diesen Querschnitt nicht ausgefüllt hatte. (Vergl. auch Z. f. d. g. T. 1912 S. 55, woselbst der Verfasser die gleichartigen Beobachtungen an Düsen anderer Art gemacht hat.)

Abb. 3.

Die übrigen Teile des Leitkanales waren dagegen metallisch blank und glänzend; es sind dies die hellen Stellen *c* im Innern der Leitkanäle 1 bis 4, woselbst der Dampf mit großer Geschwindigkeit an den Oberflächen entlang strömte.

In der Abb. 4 ist dieser Vorgang nochmals anschaulicher zusammengestellt; die hierbei aufgetretene Strahlkontraktion dürfte bis zu rd. 30 bis 40 vH an der

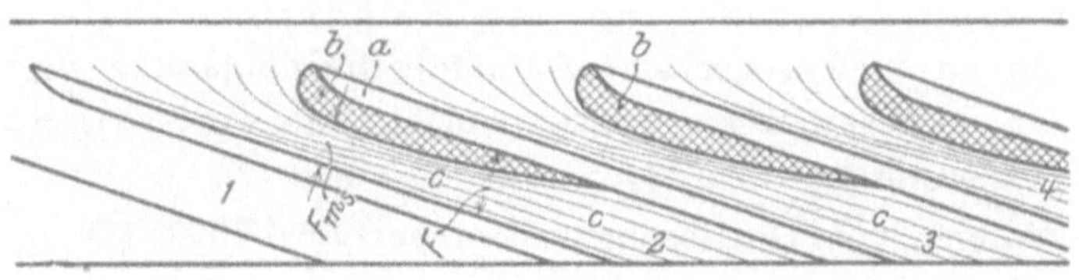

Abb. 4.

engsten Strahlstelle betragen haben und nimmt von hier aus stetig ab bis auf den Wert null in der Nähe des Austrittsquerschnittes.

Meine vorangehenden Ausführungen betreffend Darstellung des Strömungsverlaufes bei Mündung VI finden hier wiederum eine Bestätigung. Wenn Hr. Dr. Loschge durch unzureichende Meßeinrichtung nicht in der Lage war, eine Strahlkontraktion bei seinen untersuchten Ausführungsformen nachzuweisen, so ist dies noch lange kein Beweis, daß obige von vielen Forschern mehrfach beobachteten Erscheinungen nicht vorhanden sind.

Endlich lassen sich die von Dr. Loschge ermittelten Zahlenwerte der Druckmessungen zu keinerlei weiteren Folgerungen verarbeiten, einmal weil der Einfluß der Manometermündung bei den verschiedenen Meßstellen nicht geklärt ist, anderseits wegen der unstetigen Querschnittsentwicklung des Modelles 1 mit der »mäßig starken plötzlichen Einschnürung«, die sehr verwickelte Kontraktionserscheinungen hervorrufen muß, was aus dem unregelmäßigen Verlauf der Kurven in Abb. 35 und 36 deutlich zu entnehmen ist.

Die »wertvolle Eigenschaft« der weitergehenden Expansionsmöglichkeit in der Nähe des kritischen Druckverhältnisses beruht nun nicht in der Wirkung des Schrägabschnittes, wie Hr. Dr. Loschge irrtümlich angibt, sondern diese Expansionsfähigkeit ist in der Eigenart des Strömungsvorganges selbst begründet. Der jeweils erforderliche Strahlquerschnitt ist bekanntlich $f = G\frac{v}{w}$. In der Nähe des kritischen Druckverhältnisses sind nun auf einen großen Bereich die Zunahmen der Geschwindigkeit w und des Volumens v ungefähr gleich groß. Das Verhältnis $\frac{v}{w}$ ist daher praktisch konstant, und die erforderliche Querschnittsänderung der Strahlquerschnitte ist außerordentlich gering.

In der richtigen Würdigung dieser Tatsachen beruht gerade der Schlüssel zum Verständnis der gesamten Ausströmungsvorgänge.

So bedingt z. B. in der Nähe des kritischen Druckverhältnisses (also in der Nähe der engsten Stelle) einer beliebigen Leitvorrichtung eine Aenderung der Abmessungen von $\pm$ 2 vH (d. i. also bei den gebräuchlichen Ausführungsformen 0,1 bis 0,2 mm im Durchmesser oder in der Breite) einen Druckabfall $\varDelta p$ von 0,7 p_1 auf 0,4 p_1; das sind also gegebenenfalls mehrere Atmosphären (z. B. p_1 = 10 kg/qcm abs., $\varDelta p$ = 3 kg/qcm; vergl. Z. 1911 S. 2086).

Bei Durchführung genauer Messungen ist es meines Erachtens geradezu falsch, durch Anbohren der Düsenwandung usw. geringfügige Querschnittsänderungen hervorzurufen, da hierdurch sehr merkbare Druckänderungen bedingt werden, welche sonst gar nicht vorhanden sind.

Ueber die »eigentliche Wirkung des gebräuchlichen Schrägabschnittes« habe ich ferner eingehende umfassende Vergleichmessungen an schräg abgeschnittenen und senkrecht abgeschnittenen erweiterten Düsen und einfachen Mündungen angestellt.

Dabei habe ich gefunden (Z. f. Turbinenw. 1912 S. 149 u. f.), daß der Schrägabschnitt immer eine Vergrößerung der Reibungsverluste bedingt, da sehr große Flächen an Stellen höchster Dampfgeschwindigkeiten vorhanden sind; außerdem findet bei ausgesprochener Spaltexpansion eine einseitige sehr schädliche Strahlablenkung statt.

Zu den Messungen von Dr. Loschge an einer Laval-Düse sei noch ergänzend bemerkt, daß aus der vorgenommenen Einzelmessung im engsten Querschnitte kein einziger zutreffender Schluß zu ziehen ist hinsichtlich der Größe der zu erwartenden Reibungsverluste, besonders nachdem auch die wertvollen Messungen Stodolas bekannt geworden sind. Legt man nämlich zur geometrischen Achse der Laval-Düse mit gekrümmtem Einlauf den Normalschnitt im engsten Querschnitt, Abb. 5 und 6,

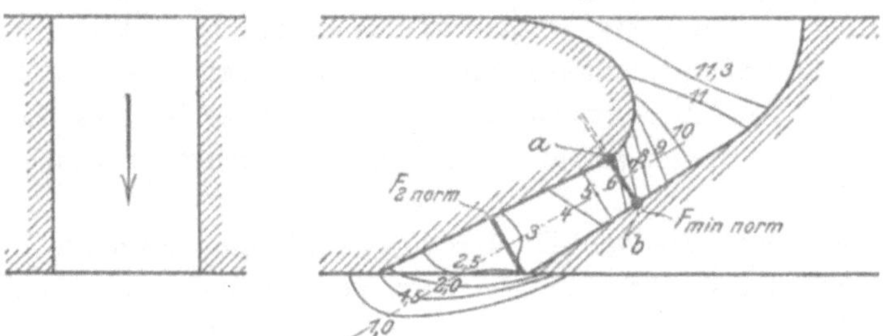

Abb. 5 und 6. z. B. Meßstelle a im engsten Düsenquerschnitt $p_m = 5{,}9$ kg/qcm
» b » » » $p_m = 7{,}0$ »

so sind dort Drücke von rd. 5,9 bis 7 kg/qcm abs. vorhanden. Man kann also je nach der zufälligen Anordnung der Meßstelle a oder b ganz beliebige Werte des kritischen Druckes p_m durch Versuche ermitteln, z. B. $p_m = 0{,}514\,p_1$ bis $0{,}621\,p_1$. Hr. Dr. Loschge findet bei der Untersuchung der ebenfalls mit gekrümmtem Einlauf versehenen Laval-Düse (Meßstelle Nr. 2) den Wert $p_x = 0{,}569\,p_1$, welcher auch in obige Grenzen paßt. Jedenfalls ergibt schon allein diese Betrachtung die Unbrauchbarkeit der Druckmessung am Strahlrand oder in der Strahlachse zur weiteren Bestimmung der Reibungsverluste.

Dieses Verfahren der Druckmessung am Strahlrand oder in Strahlmitte bringt nämlich Fehler bis zu mehreren hundert Prozent hinsichtlich der Größe der zu erwartenden Reibungsverluste mit sich, und die bis jetzt bestehenden Widersprüche sind hauptsächlich der kritiklosen Anwendung obiger Messungen zuzuschreiben.

Zur Beurteilung und Einschätzung der Reibungsverluste möchte ich noch folgende Betrachtungen bekanntgeben.

Der Verlust an kinetischer Energie wird bekanntlich unter Verwendung der älteren Rohrreibungsformel nach den bisher gebräuchlichen Anschauungen dargestellt:

$$AZ = \zeta A \int \frac{U\,dl}{4F} \frac{w^2}{2g} \quad . \quad . \quad . \quad . \quad . \quad . \quad . \quad . \quad . \quad . \quad (1);$$

dabei bedeutet

ζ den Reibungskoeffizienten,
U den Umfang,
F den Querschnitt,
dl das Längenelement,
w die Geschwindigkeit.

Diese Formel liefert auch für Rohre, welche bei konstantem Druck mit annähernd gleicher Geschwindigkeit, also bei nahezu konstantem spezifischem Gewicht durchflossen werden, brauchbare Werte. Sie versagt aber sofort, wenn man letztere unverändert zur Beurteilung der Reibungsverluste bei einem Expansionsvorgang in einer einfachen Mündung oder einer Laval-Düse benutzt, wobei sehr große Druckunterschiede, eine starke Geschwindigkeitszunahme und endlich eine starke Veränderung des spezifischen Gewichtes γ gleichzeitig auftreten. Wenn man nun streng alle Aenderungen bei diesem physikalischen Vorgang berücksichtigt und weiterhin von längst bekannten Forschungsergebnissen betreffend Flüssigkeitsreibung Gebrauch macht (s. u. a. Fritzsche, Mitteilungen über Forschungsarbeiten Heft 60), wonach die Reibung ungefähr der Dichte des Mediums proportional ist, so ergibt sich in vereinfachter Form die Größe des Reibungsverlustes [1]):

$$AZ = \zeta A \int \frac{U\,dl}{4F} \frac{w^2}{2g} \gamma \quad . \quad . \quad . \quad . \quad . \quad . \quad . \quad . \quad . \quad (2).$$

Die obige ältere, bis jetzt allgemein gültige Betrachtung der Reibungsvorgänge (Formel (1)) und die von mir angegebene Abhängigkeit der zu erwartenden Verluste (Formel (2)) führen nun zu ganz entgegengesetzten Ergebnissen.

Nach der älteren, bis jetzt gültigen Anschauung erhält man für den Ausfluß von elastischen Flüssigkeiten das Gesetz:

Die Strömungsverluste nehmen mit zunehmender Geschwindigkeit relativ zu.

Nach meinen theoretischen und experimentellen Untersuchungen erhält man:

Die Strömungsverluste nehmen mit zunehmender Geschwindigkeit fortgesetzt relativ ab.

In Anbetracht der Wichtigkeit vorstehender Gesetzmäßigkeit führe ich den Unterschied der beiden Anschauungen noch an einem Beispiel vor Augen, Abb. 7.

Als gegeben sind dabei zu betrachten: die Düse in ihren Abmessungen, der entsprechende Anfangs- und der Enddruck; bekannt sind somit der Druckverlauf,

---

[1]) Genauer würde sich nach den Forschungen von Fritzsche ergeben:

$$AZ = \zeta A \int \frac{U\,dl}{4F} \frac{w}{2g}^{1,85} \gamma^{0,852},$$

was bei weiteren genaueren Untersuchungen nicht vernachlässigt werden kann.

der Geschwindigkeitsverlauf und die Aenderung des spezifischen Gewichtes in Abhängigkeit von der Düsenlänge.

Besondere Beachtung verdient nun folgendes Ergebnis: Nach der älteren Anschauung (Reibungsformel (1)) sind die Verluste bis zum engsten Querschnitt bei sehr kurzem Einlauf gering oder praktisch gleich null und nehmen im konisch divergenten Teile rasch zu (Kurve IV). Nach der von mir angegebenen Reibungs-

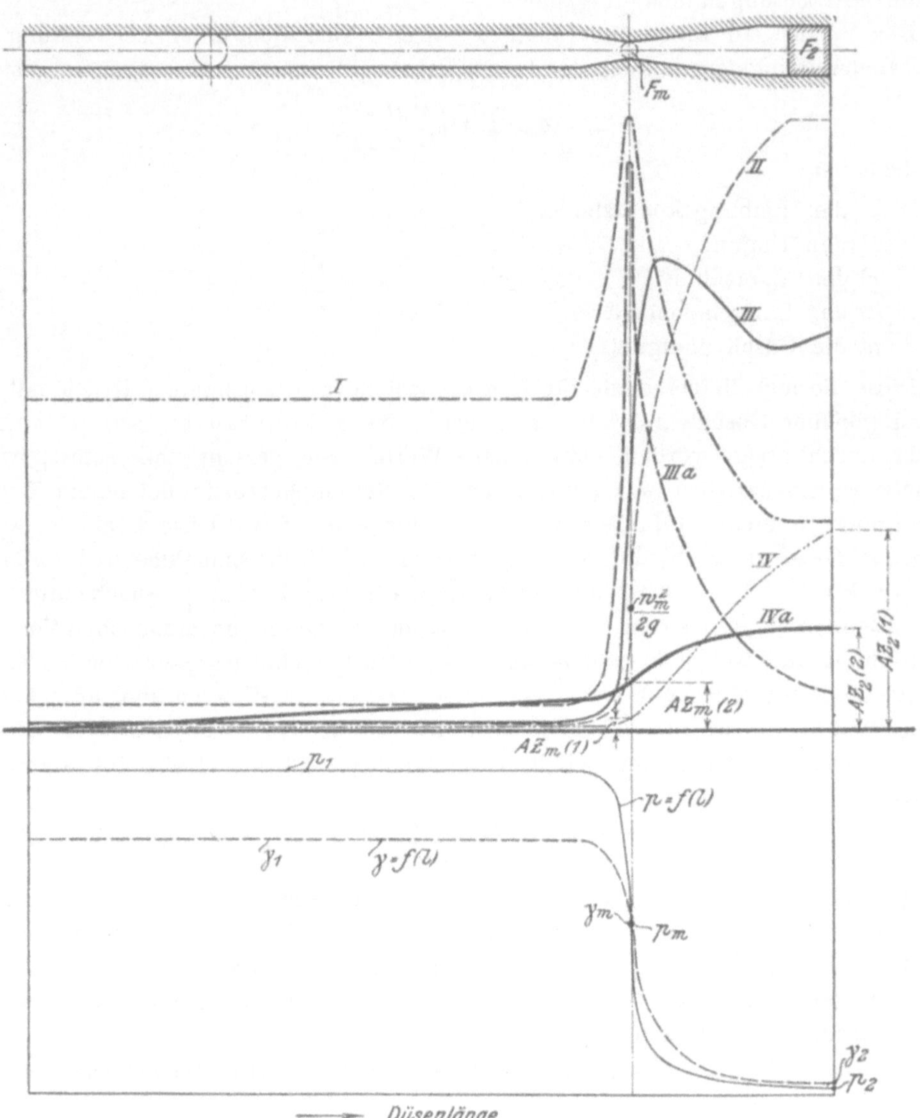

Vergleichende Darstellung der Strömungsverluste einer gegebenen Leitvorrichtung.

Nach der älteren Reibungsformel:

Reibungsverlust $AZ = \zeta A \int \frac{U dl}{4F} \frac{w^2}{2g} \ldots$ (1),

nach der abgeänderten Reibungsformel von Christlein:

Reibungsverlust $AZ = \zeta A \int \frac{U dl}{4F} \frac{w^2}{2g} \underline{\gamma}$. (3).

Erklärung der Kurven:

I $\frac{U}{4F} = f(l)$ II $\frac{w^2}{2g} = l(l)$

III $\frac{U}{4F} \frac{w^2}{2g} = l(l)$

IIIa $\frac{U}{4F} \frac{w^2}{2g} \gamma = f(l)$

IV $AZ = \zeta A \int \frac{U dl}{4F} \frac{w^2}{2g} = l(l)$

IVa $AZ = \zeta A \int \frac{U dl}{4F} \frac{u^2}{2g} \gamma = f(l)$

Abb. 7.

formel (2) treten bis zum engsten Querschnitt infolge des hohen spezifischen Gewichtes und je nach Länge des Einlaufes merkbare Verluste auf, die keinesfalls zu vernachlässigen sind. Auch ist aus dem Verlauf der Kurve IVa ersichtlich, daß die Verluste bei Unterschallgeschwindigkeit relativ höher sind; im divergenten Teile nehmen die Verluste absolut mit zunehmender Düsenlänge weiterhin sehr langsam zu, relativ aber ab. Im *JS*-Diagramm ergibt sich daher nicht die Zustandskurve nach Abb. 8 (ältere Reibungsformel (1)), sondern nach Abb. 9 (Reibungsformel (2) nach Christlein)[1]).

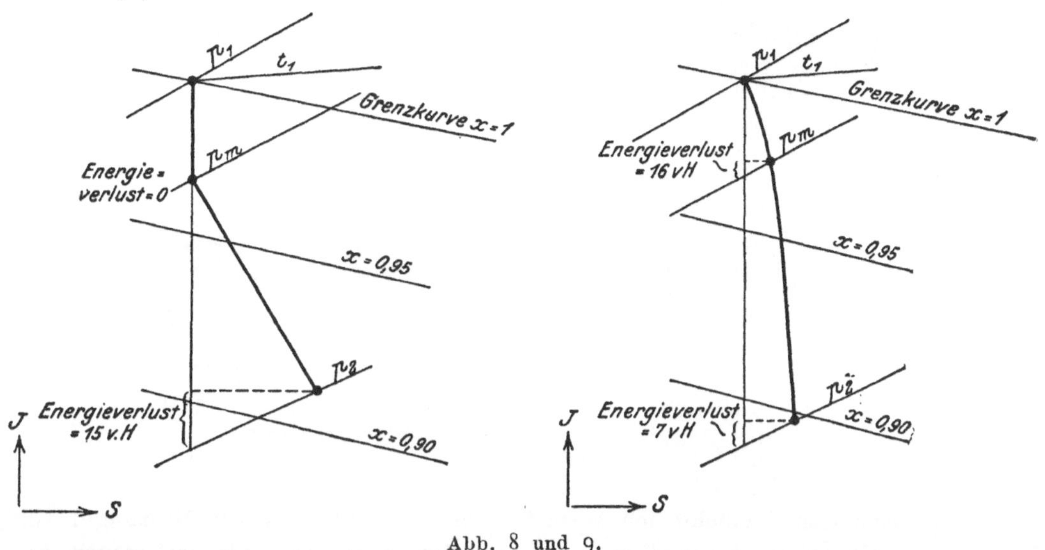

Abb. 8 und 9.

Die Ausführungen von Dr. Loschge betreffend Reibungsverluste sind daher nach jeder Richtung als verfehlt zu bezeichnen.

Von Interesse dürfte es noch sein, darauf hinzuweisen, daß selbst Dr. Büchner (Mitteilungen über die Forschungsarbeiten Heft 60 S. 96 u. f.) bei seinen umfangreichen Versuchen teilweise die Wahrnehmung gemacht hat, daß das Verhältnis der wirklichen zur theoretischen Geschwindigkeit (d. h. der Geschwindigkeitskoeffizient $\varphi = \frac{w}{w_0}$) bei fortschreitender Expansion immer günstiger wird, also die Verluste mit zunehmender Geschwindigkeit relativ abnehmen. Er betrachtet aber diese Feststellung nur als scheinbares Ergebnis, dem keine Bedeutung beigemessen werden kann, da er sich unter anderem der Unzulänglichkeit des Druckmeßverfahrens bewußt war und die von ihm gewonnenen Ergebnisse zu weitgehenden Schlußfolgerungen nicht ausreichend erschienen.

Zum Schlusse möchte ich auch noch die Frage des Wärmeüberganges durch die Düsenwandungen bei einem einfachen Ausströmungsvorgang streifen.

Hr. Dr. Loschge spricht immer von einer Wärmeabfuhr durch die Düsenwandungen, in Wirklichkeit erfolgt jedoch bei der gewählten Versuchsanordnung eine Wärmezufuhr (also eine Heizung des Strahles) durch die Düsenwandungen. Der gesamte Vorgang beim Ausströmen von einem Raum in einen zweiten Raum durch eine beliebige Mündung ist bekanntlich ein Drosselvorgang, Abb. 10 und 11. Alle den eigentlichen Strahl umgebenden Teile haben nämlich eine höhere Tempe-

[1]) Die von Dr. Loschge angegebene Darstellung der Zustandskurve (Abb. 20, Z. 1913 S. 65), sowie verschiedene irrtümliche Betrachtungen der physikalischen Vorgänge hat Dr. Loschge in Z. 1913 S. 297 selbst für unmöglich erklärt, so daß sich weitere diesbezügliche Ausführungen erübrigen.

ratur als der expandierende Dampfstrahl selbst ($t_1 > t_2 > t_d$), selbst wenn eine Ausstrahlung durch die Gefäßwandungen in den umgebenden Raum stattfindet. Aus diesem Grunde hat auch der von Dr. Loschge angestellte Vergleichsversuch (Porzellandüse-Metalldüse) zum Nachweis der »Wärmeabführung« völlig versagt.

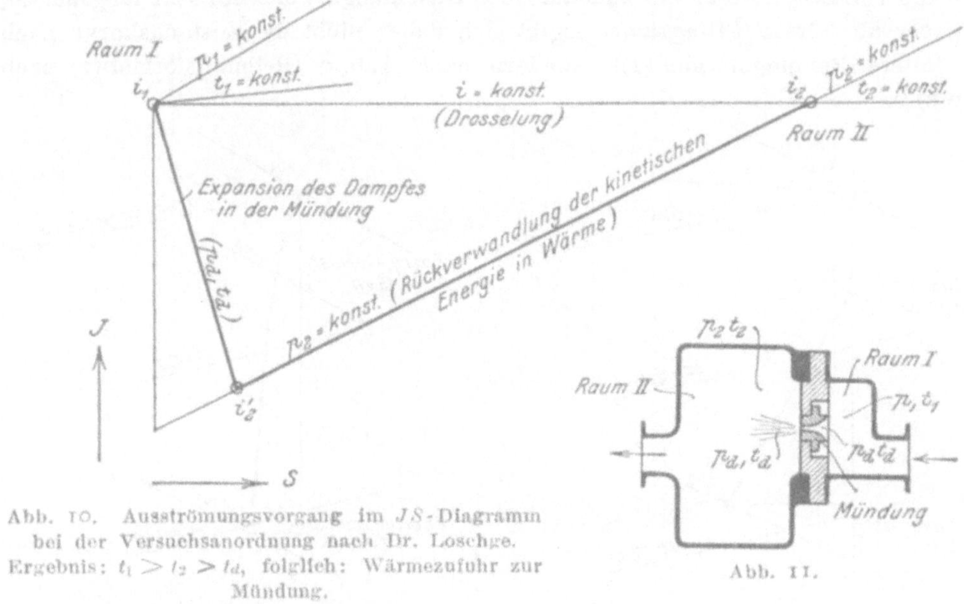

Abb. 10. Ausströmungsvorgang im JS-Diagramm bei der Versuchsanordnung nach Dr. Loschge. Ergebnis: $t_1 > t_2 > t_d$, folglich: Wärmezufuhr zur Mündung.

Abb. 11.

Zusammenfassend möchte ich besonders hervorheben, daß alle Messungen von Dr. Loschge als solche durchgehend zur Bestätigung der von mir vertretenen Ansichten gebraucht werden können, besonders wenn man sich über die Genauigkeit des angewandten Druckmeßverfahrens aus vorstehenden Ausführungen die erforderliche Klarheit verschafft hat.

Dagegen sind verschiedene von Dr. Loschge gegebene »neue« Erklärungen der in Betracht kommenden physikalischen Vorgänge sowie einige viel zu weit gehende Schlußfolgerungen nach dem gegenwärtigen Stande der Forschungen als gänzlich verfehlt zu bezeichnen.

Nürnberg, den 16. Oktober 1913.

Hochachtungsvoll

Dr. Christlein.

Sehr geehrte Redaktion!

Auf die Zuschrift des Hrn. Dr. Christlein erlaube ich mir Folgendes zu erwidern:

Dr. Christlein hat in seiner Dissertation für die einfache Mündung — der Düse Ic — doch eine Geschwindigkeitskurve in Abb. 27 gegeben, welche bis auf 800 m/sk steigt. Die jeweilige Ordinate dieser Kurve soll nach einer einleitenden Bemerkung die tatsächlich erreichte mittlere Austrittgeschwindigkeit darstellen, die bei einem bestimmten Wärmegefälle in demjenigen Strahlquerschnitt vorhanden ist, wo ein vollständiger Ausgleich der Pressung im Strahle mit der Pressung im Gegenraum eben erfolgt ist. Die hier wiedergegebene Christleinsche Definition für die Austrittgeschwindigkeit w ließe nun allerdings die Möglichkeit offen, daß er die Geschwindigkeit in irgend einem Strahlquerschnitt außerhalb der Mündung meinte. Der Umstand aber, daß er diese Austrittgeschwindigkeit w aus der Reaktionskraft R und dem Ausflußgewicht G mit Hülfe der Gleichung $R = \frac{G}{g} w$ bestimmte, schließt jedoch diese Möglichkeit aus, da Hr. Dr. Christlein diese Gleichung doch nur benutzen konnte, wenn er sich vorstellte, daß der Druckausgleich bereits im Mündungsquerschnitt erfolgt ist und die von ihm berechnete Geschwindigkeit w schon in diesem Querschnitt erreicht wird. Hatte er aber eine andere Meinung, so durfte er die angegebene Formel nicht anwenden und mußte die erwähnte Geschwindigkeitskurve der Abb. 27 seiner Dissertation beim kritischen Werte abbrechen, da die von ihm benutzte Reaktionsdruckmessung doch nur einen Schluß auf die innerhalb der Mündung auftretende Dampfgeschwindigkeit zuläßt und auf keinen Fall zur Bestimmung der außerhalb der Mündung auftretenden Geschwindigkeiten dienen kann. Es scheint, daß Dr. Christlein über die Vorgänge im Strahl und das Wesen der Reaktionsdruckmessung nicht im klaren ist. Der von Dr. Christlein in der Zeitschrift für das gesamte Turbinenwesen 1912 S. 243 gegen die Eisnerschen Rechnungen vorgebrachte Einwand ist ganz unzutreffend.

Dr. Christlein bezweifelt ferner die Richtigkeit der von mir durchgeführten Druckmessungen, wobei er die Versuche von Büchner erwähnt. Die Büchnerschen Versuche waren mir natürlich bekannt (s. meine Arbeit); ich habe deshalb stets darauf gesehen, daß an den Manometerbohrungen die dem Dampfstrahl benachbarte Kante gebrochen oder etwas abgerundet wurde, wodurch nach Büchner die erwähnte Saugwirkung vermieden wird. Ich habe aber noch Wert darauf gelegt, die Abrundungen nicht zu groß zu machen, und habe außerdem stets danach gestrebt, möglichst große Düsenquerschnitte zu erhalten, damit die Anbohrung einen möglichst geringen Einfluß auf die Strahlexpansion ausübte. Die kleinsten Kanalquerschnitte betrugen bei meinen Mündungen zwischen 0,85 und 1,6 qcm, während Dr. Büchner nur sehr enge Mündungen prüfte — die Büchnersche Düse Nr. 2 hatte z. B. nur einen kleinsten Querschnitt von 0,126 qcm. Daß die Manometerbohrungen bei meinen Versuchen keinen merkbaren Einfluß auf die Strahlexpansion ausübten, geht übrigens daraus hervor, daß die Druckmessungen an irgend einer Bohrung stets dieselben Ergebnisse lieferten, wenn auch während der Versuche noch ein weiteres, in der Strömungsrichtung vor der Versuchsbohrung gelegenes Meßloch angebracht wurde. Dies und der Umstand, daß die an den verschiedenen Mündungen durchgeführten Versuche übereinstimmende Ergebnisse lieferten, berechtigen mich zu der Anschauung, daß meine Versuchsergebnisse der Wirklichkeit ziemlich nahe kommen. Daß Dr. Christlein in der Beurteilung des Genauigkeitsgrades der Druckmessungen zu schwarz sieht, daß seine Zweifel unbegründet sind und daß ich mit meiner Ansicht nicht allein stehe, geht daraus hervor, daß auch Stodola alle seine Druckbilder, die Hr. Dr. Christlein trotz seiner Zweifel über Druckmessungen häufig als Beweismittel für seine Ansichten benutzt, auf dieselbe Weise wie ich gewonnen hat. Hr. Dr. Christlein bezweifelt aber anscheinend nur zeitweilig die Richtigkeit der Druckmessungen.

Daß das von mir für Sattdampf gefundene Ergebnis $\varphi > 1$ entgegen der Ansicht Dr. Christleins auch nicht durch eine fehlerhafte Bestimmung des Mündungsdruckes erklärt werden kann und daß die für überhitzten Dampf erhaltenen φ-Werte nicht als absolut richtig angesehen werden können, habe ich bereits ausführlich in meiner Arbeit auseinandergesetzt. Die von mir aus dem Ergebnis $\varphi > 1$ gezogene Schlußfolgerung, daß man bei Sattdampf mit dem Vorhandensein einer neuen Erscheinung zu rechnen habe, wurde in neuester Zeit durch die Veröffentlichung von Versuchen Stodolas (s. meine Arbeit) bestätigt.

Zur Christleinschen Kritik an meinen Versuchen mit der scharfkantigen Mündung Nr. VI habe ich Folgendes zu bemerken:

In Abb. 1 seiner Zuschrift gibt Dr. Christlein ein Bild, das nach seiner Meinung die Strömung des Dampfes durch die von mir untersuchte Mündung wiedergeben sollte, und beruft sich bei der Begründung dieses Strömungsbildes auf Versuche von Stodola. Dr. Christlein hat sich aber kein Urteil darüber gebildet, wie sehr sein Strömungsbild von dem Stodolaschen Experimentalergebnis abweicht. Ich stelle hier zum Vergleiche eine dem Buche von Stodola entnommene Skizze (dort Abb. 63) und das Christleinsche Bild einander gegenüber, s. Abb. 1 und 2. Der Unterschied

Abb. 1 und 2. Darstellung des Strömungsvorganges für eine scharfkantige Mündung nach Prof. Stodola und Dr. Christlein.

Abb. 1. Darstellung von Prof. Stodola. Abb. 2. Darstellung von Dr. Christlein.

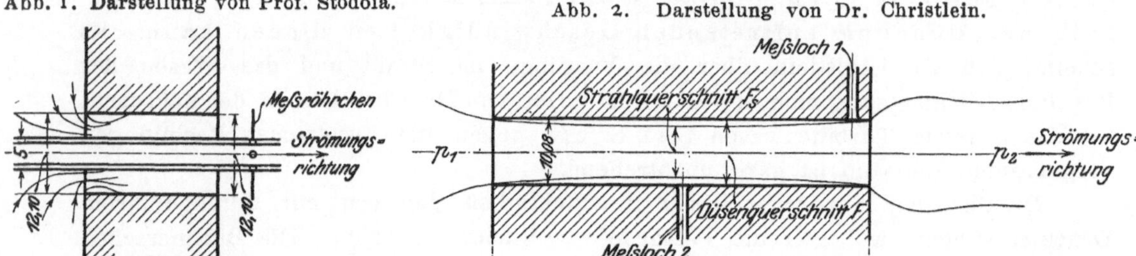

Man beachte vor allem die verschiedenen Werte des Verhältnisses $\frac{\text{Durchmesser}}{\text{Länge}}$ der beiden Mündungen und die verschiedenen Längen Kontraktionsstrecken!

zwischen beiden Strömungsbildern ist so augenfällig, daß ich mir weitere Erläuterungen ersparen kann. Die übrigen Einwände des Hrn. Dr. Christlein sind, da sie ja auf der in Abb. 1 seiner Zuschrift zum Ausdruck gebrachten Anschauung beruhen, somit ebenfalls vollständig verfehlt.

Der zweite Teil meiner Versuche (an Zoelly-Leiträdern) führte allerdings zu fast demselben Ergebnis wie die Christleinschen Versuche. Ein gewaltiger Unterschied besteht aber zwischen unseren Anschauungen über den Strömungsvorgang im Innern der Zoelly-Leiträder. Dr. Christlein führt die wertvolle Eigenschaft der Zoelly-Leiträder, die darin besteht, daß im Innern der Leitradmündung überkritische Druckgefälle ausgenutzt werden können, auf eine Strahlablösung im Innern des konvergenten Teils zurück. Es ist dies eine Erklärung, die für schlecht geformte Mündungen zutreffen kann; denn Mündungen, die eine merkbare Strahlablösung aufweisen, müssen doch als schlecht geformt bezeichnet werden. Ich dagegen habe nachgewiesen, daß diese wertvolle Eigenschaft auch dann besteht, wenn die Leitradmündungen richtig geformt sind und keine Strahlablösung aufweisen. Die Ausnutzung der überkritischen Druckgefälle wird bei gut geformten Mündungen durch die von mir gefundene Expansion im Schrägabschnitt herbeigeführt. Ob nun die schlecht geformte Mündung mit Strahlablösung oder die gut geformte Mündung mit Expansion im Schrägabschnitt den höheren Wirkungsgrad liefert, läßt sich zunächst nicht bestimmt sagen. Die »Forschungen« des Hrn. Dr. Christlein geben darüber gar keinen Aufschluß. Es ist aber doch natürlicher, wenn man annimmt, daß die gut geformte Mündung den besseren Wirkungsgrad liefern wird; denn eine Strahlablösung ist sicher mit großen Verlusten verbunden. In dem nach Veröffentlichung des Auszuges in der Zeitschrift erschienenen Buche von Bauer-Lasche wird übrigens ebenfalls meine Ansicht über den Strömungsvorgang in den Zoelly-Leiträdern geteilt (s. a. a. O. § 30 S. 43).

Die Brown-Boverischen Bilder bestätigen lediglich die altbekannte Tatsache, daß bei schlecht geformten Mündungen Strahlablösungen auftreten, und zeigen höchstens noch, daß auch bei einer so bewährten Firma wie Brown-Boveri gelegentlich unzweckmäßige Formen vorkommen können.

Von den sehr verwickelten Kontraktionserscheinungen, die Dr. Christlein bei Modell I wegen der »mäßig starken plötzlichen Einschnürung« vermutet, wurde bei meinen Versuchen nichts entdeckt. Daß sie auf jeden Fall nur ganz minimal sein konnten, wird dadurch bewiesen, daß Modell I dasselbe Verhalten zeigte wie Modell II, bei dem die Einschnürung weggelassen war.

Was die Bemerkung des Hrn. Dr. Christlein über den Druck an der engsten Stelle der Laval-Düse betrifft, so besteht zwischen der Stodolaschen Laval-Düse und der von mir untersuchten ein großer Unterschied in der Form des konvergenten Düsenteils. Dadurch, daß bei meiner Düse im konvergenten Teil die nötige Querschnittverminderung auf beide Seiten der Düsenachse verteilt ist, ist eine Schrägstellung der Isobaren im engsten Querschnitt wohl vermieden. Außerdem braucht man ja zur Beurteilung des Reibungsverlustes im konvergenten Düsenteil gar nicht den von Dr. Christlein angefochtenen Wert des Druckes im engsten Querschnitt. Es genügt hierzu ein Vergleich des für die Lavaldüse gefundenen Ausflußfaktors ψ_{max} (2,03) mit dem bei der einfachen Mündung hierfür ermittelten Werte (2,03 bis 2,06, je nach der Länge des zylindrischen Teils), um zu erkennen, daß die Reibungsverluste in beiden Fällen ungefähr von derselben Größenordnung sind. Gut bearbeitete konvergente Mündungsteile, mögen sie nun zu einer einfachen Mündung oder zu einer Laval-Mündung gehören, werden beim kritischen Druckgefälle immer niedrige Reibungsverluste aufweisen.

Wenn die Versuchsergebnisse des Hrn. Dr. Christlein nicht mit meinen Resultaten übereinstimmen, so liegt dies vor allem an seiner Versuchsmethode, die er kritiklos anwandte.

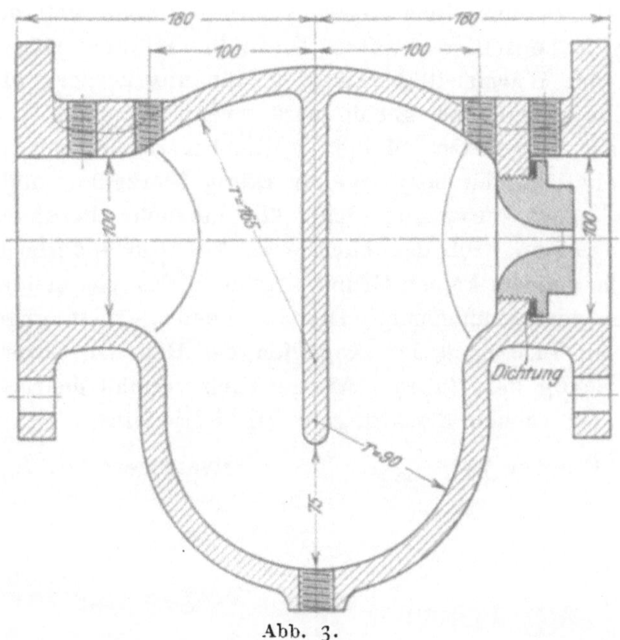

Abb. 3.

Auf die Formel von Dr. Fritzsche und die von Dr. Christlein daran geknüpfte Erörterung näher einzugehen, kann ich wohl unterlassen, da es sich doch vorläufig darum handelt, die Größe der Reibungsverluste durch Versuche zu bestimmen. Die von Dr. Christlein in der Zuschrift gebrachte Abb. 7 und die Erklärungen dazu sind mit Vorsicht aufzunehmen, da über den Reibungskoeffizienten doch absolut nichts bekannt ist.

Auf die Bemerkung Dr. Christleins zur Frage des Wärmeübergangs durch die Düsenwandungen habe ich zunächst zu erwidern, daß ich nicht immer, sondern nur an einer Stelle von einer Wärmeabfuhr gesprochen haben. Außerdem habe ich bloß von einer Wandwirkung gesprochen. Bei der theoretischen Betrachtung des Einflusses der Wandwirkung habe ich dann allerdings im Auszuge in der Zeitschrift nur eine Wärmeabfuhr behandelt, weil die Betrachtung für eine Wärmezufuhr zu der gleichen Schlußfolgerung hinsichtlich Aenderung der Dampfaufnahme führt (siehe die ausführliche Arbeit) und weil ich diesen Ausführungen nicht die letzte Versucheinrichtung (Abb. 2 der Christleinschen Zuschrift), wie Dr. Christlein willkürlich annimmt (meine Berichtigung im ersten Zuschriftenwechsel hat Dr. Christlein vollständig ignoriert), sondern die vorstehend abgebildete erste Einrichtung, Abb. 3, benutzt. Die an der Austrittseite befindlichen Außenwandungen der eingeschraubten Mündung liegen hier zweifellos in einem von der Dampfströmung nicht benutzten toten Raum (die Entfernung zwischen Mündung und Drosselventil betrug etwa 60 cm), so daß der Wärmeaustausch zwischen Abdampf und Mündung sicher vernachlässigt werden kann. Der Wärmeaustausch zwischem dem Dampf auf seinem Wege durch die Mündung und den Mündungswandungen wird sich, da die Temperaturen der Mündung und des anliegenden Gehäuses zwischen den Dampftemperaturen am Eintritt und am Mündungsaustritt liegen, so abspielen, daß der Dampf bei Eintritt in die Mündung Wärme an den Mündungskörper abgibt, von der nun ein Teil auf das gußeiserne Gehäuse übergehen wird, während der Restbetrag durch den Mündungskörper weiter fließt und dem Dampf bei der weiteren Expansion wieder zugeführt wird. Der Wärmeaustausch mit dem Mündungskörper wird also im ganzen eine Wärmeabfuhr bewirken. Meine Ausführungen in dem Auszug der Zeitschrift würden aber, wie schon oben bemerkt, zu demselben Ergebnis führen, wenn statt der Wärmeabfuhr eine Wärmezufuhr zu konstatieren wäre. Diese Betrachtung zeigt auch, daß die Wandwirkung von der Wärmeleitfähigkeit des Mündungskörpers abhängt und daß die Wandwirkung verschwindend gering wird, wenn man die Wärmeleitfähigkeit des Mündungkörpers herabsetzt. Meine Vergleichsversuche mit Mündungen von verringerter Wärmeleitfähigkeit bezw. Wandwirkung (Porzellan- und Blechmündung) haben durchaus nicht versagt; denn die Versuche beruhten auf reiflicher Ueberlegung und durften nach der Theorie zu keinem anderen Ergebnis führen.

Ich habe nach alledem keinen Grund, irgend etwas von meinen Ausführungen zu ändern oder gar zurückzunehmen. Die in meiner Arbeit gegebenen »neuen« Erklärungen muß ich auch nach den Angriffen des Hrn. Dr. Christlein sowohl als neu wie auch als richtig bezeichnen. Als gänzlich verfehlt betrachte ich dagegen einen großen Teil der »neuen Erklärungen« Dr. Christleins.

München, 30. Oktober 1913. Privatdozent Dr. A. Loschge.